少核本地早优质高效生产技术

李学斌　主编

中国农业科学技术出版社

图书在版编目（CIP）数据

少核本地早优质高效生产技术／李学斌主编．—北京：中国农业科学技术出版社，2015.11

ISBN 978－7－5116－2280－8

Ⅰ．①少…　Ⅱ．①李…　Ⅲ．①柑桔类－果树园艺　Ⅳ．①S666

中国版本图书馆CIP数据核字（2015）第229995号

责任编辑　白姗姗
责任校对　马广洋

出 版 者　中国农业科学技术出版社
北京市中关村南大街12号　邮编：100081
电　　话　(010)82106638(编辑室)　(010)82109702(发行部)
(010)82109709(读者服务部)
传　　真　(010)82106650
网　　址　http://www.castp.cn
经 销 者　各地新华书店
印 刷 者　北京富泰印刷有限责任公司
开　　本　710mm ×1 000mm　1/16
印　　张　11.25
字　　数　214千字
版　　次　2015年11月第1版　2015年11月第1次印刷
定　　价　50.00元

《少核本地早优质高效生产技术》
编　委　会

主　　编：李学斌

副 主 编：高洪勤　王林云

参编人员：李学斌　高洪勤　王林云　叶小富

　　　　　甘金友　泮声友　杨万玉

序　言

少核本地早为浙江省台州市椒江地方特色柑橘良种，集鲜食、罐头加工于一体，色、香、味俱佳，很受广大消费者的青睐。随着人们生活水平的提高，对水果品质和质量安全要求不断提升，少核本地早作为地方传统名果，在水果产业迅速发展的当今，加快新品系开发和栽培技术创新已越来越受到业界的重视，普及少核本地早优质高效栽培生产知识，也完全符合当前水果产业发展的需求。

笔者从事果树技术推广工作30多年，紧紧围绕少核本地早的安全、优质、高效栽培，深入基层调查研究，积极开展少核本地早的各项试验和示范推广，大力推广少核本地早生产先进实用技术，为少核本地早产业的发展和技术进步，实现果业增效和果农增收发挥了重要作用。少核本地早产业的发展，对加快椒江农业产业结构调整，实施科技兴农，发展效益农业，促进农村经济繁荣，实现农业生产的可持续发展具有重要意义。

本书分少核本地早品系介绍、生物学特性、苗木繁育、园地选择、土肥水管理、整形修剪、保花保果、设施栽培、灾害防御、病虫害防治、采收和贮藏等12章，全书内容翔实，通俗易懂，具有一定的科学性、先进性和实用性，可供农业科研、教育、推广部门果树工作者和广大果树种植爱好者参考。

由于编撰时间短，并限于水平，书中不妥之处在所难免，敬请同行和读者批评指正。

编　者

2015年9月

目　　录

第一章 概 述

一、少核本地早栽培的意义

少核本地早为台州柑橘主栽品种之一，湖南、江西、湖北、贵州等地有少量引种栽培，是个性化相当明显的地方特色柑橘良种。具有皮薄、色艳、肉嫩、果甜、味香等特点，食不留渣、风味浓郁，深受消费者喜欢，有“蜜橘公主、儿童营养品”的美誉，蜚声海内外。

少核本地早栽培始于20世纪70年代，在台州各地已建立多个示范基地，主要集中在椒江、黄岩等地，果实秋末冬初成熟，色泽艳丽，甜酸适口，风味独特，营养丰富，果实富含糖、有机酸、矿质元素和多种维生素。果实除鲜食外，还可加工糖水橘片罐头，去络容易，加工利用率高，汤汁清澈，橘片色泽鲜艳，瓣形美观，组织紧密，质地脆嫩，风味良好。橘实、橘络、种子及叶均可供药用，橘花可熏制花茶，橘树常绿，花香、果美可供休闲观赏。

少核本地早栽培具有较强的适应性，耐热、抗湿、抗冻，年平均气温17～18℃，具有适宜土壤和气候条件的亚热带地区均可种植。少核本地早栽培具有生长快、结果性好、品质优、生产效益高等特点，为目前椒江区柑橘品种结构调整，发展效益水果的重点推广良种。因此，发展少核本地早生产，既能满足消费者需要，又能改善人民日常生活，同时对增加农民经济收入具有十分重要的意义。随着少核本地早栽培技术的不断改正和完善，少核本地早产业的不断发展，销售市场的不断拓展，少核本地早走出国门，进入俄罗斯等国际市场已成为现实，随着市场需求的日益增长，开发前景越来越广阔。

二、少核本地早的发展现状

少核本地早是浙江黄岩柑橘研究所1964年从普通本地早中选育的，1976年定名为新本1号，种植已有40余年，为目前椒江区柑橘主栽品种之一。主要分布在椒江农场、三甲、水果场等地。少核本地早的早期发展主要在20世纪70年代，椒江有数十个村的橘组集中连片种植，建有基地面积近千亩*，80 年代，少核本地早相继进入结果阶段，但由于夏梢猛发，落果重，坐果难，虽采用矮壮素、调节膦等生长调节剂进行控梢，但收效甚微，严重影响广大橘农的生产积极性，最终导致大面积少核本地早园通过高接换种改接成温州蜜柑和椪橘等品种，唯三甲光辉村和飞龙村橘组留下成片少核本地早园。在当地农技部门密切配合和共同攻关下，通过采用环割等综合措施，使少核本地早的坐果率低、保果难、落果重的问题得到有效解决，且产量、品质、效益等稳步提升，产品供不应求，直至 2000 年才迎来良好的发展态势，利用高接换种或大苗定植等措施进行大面积的集中连片发展，从而使“少核本地早”这个传统地方特色柑橘良种，逐步成为台州市椒江区三大柑橘主栽品种之一。少核本地早的主产区——椒江农场已成为台州最大的少核本地早生产基地，年产少核本地早 1 500多吨，2010 年成为浙江省特色农业精品园创建点，2012 年精品园创建点通过省级验收，成为浙江省特色农业精品园。同时，近年来，少核本地早的采收实施带叶采摘销售，很受贩销户和广大消费者欢迎，大大促进少核本地早的销售，在目前蜜橘市场竞争十分激烈的情况下，椒江少核本地早的销售独树一帜，十分畅销，预购已成常态，尤其大棚设施栽培的少核本地早，成熟早、品质好、丰产稳产，售价高，生产效益好，很受市场欢迎，不仅销往省内外大中城市，还远销出口俄罗斯等国外市场。

少核本地早有多个品系，现有一定种植规模的主栽品系有 2 个，即新本 1 号和东江本地早，椒江区已在 2010 年制订和发布了少核本地早地方生产标准规范，2014 年已着手制订台州市少核本地早种植技术规程，不断完善了少核本地早生产标准体系，推行标准化生产。近几年通过实施规模化生产、产业化开发、商品化处理和品牌化经营，着力推进少核本地早产业的发展，促进少核本地早产业的转型升级，提升台州少核本地早产品的知名度和美誉度。“台洲湾”牌和“新佳”牌少核本地早已连续多次荣获浙江省农业博览会金奖，“新佳”牌柑橘基地通过国家绿色食品认证和浙江省森林食品基地认定，并且在少核本地早生产基地内，一些优质品牌产品不断涌现，在省内外市场上赢得了良好的声誉，产品供不应求。

---

* 1 亩≈667 平方米；15 亩 =1 公顷。全书同

第二章 少核本地早主要栽培品系

一、新本一号

新本一号是浙江黄岩柑橘研究所1964年从普通本地早中选育的，1976年定名为新本一号，为台州目前少核本地早的主栽品种。新本一号是从普通本地早中选育出来的优良新品系，树性与本地早相似，树冠圆头形，生长健壮，枝条粗壮，节间密，叶绿层厚，叶片椭圆形，较大，开花期比本地早提早3～4天，以春梢和秋梢的中、短结果母枝结果为主，果实11月中下旬成熟。果实扁圆形，单果重60～70克，果皮橙黄色，囊瓣半月形，囊壁薄，果肉橙红色，肉质细嫩，果汁多，可溶性固形物含量12%～13%，种子少，单果平均0.4～0.6粒。因其质优味佳，口感纯正，很受消费者青睐，产品连续多次获奖，其中“台州湾”牌少核本地早，2001年获浙江国际农业博览会金奖，2002年获中国（浙江）柑橘博览会金奖，2003年获浙江农业博览会金奖，同时“新佳”牌少核本地早也已连续多次荣获浙江农业博览会金奖，2011、2013年分别荣获台州市椒江区首届和第二届优质柑橘评比活动金奖，市场开发前景十分看好。

二、东江本地早

东江本地早是1993年在黄岩新前街道东江村的本地早蜜橘园中发现的，与普通本地早比较，是本地早中一个丰产高糖少核的早熟新品种。于2007年经浙江省品种审定委员会审定通过，树势强健，树冠高大，呈圆头形或半圆头形，且整齐，分枝多而密，枝细软；果实扁圆形，单果重80克左右，色泽橙黄，果皮厚0.2厘米；果实可食率77.1%，果汁率55%以上，可溶性固形物12.5%，糖含量9.38克/100毫升，酸含量0.72克/100毫升，维生素C含量29.3毫克/100毫升，质地柔软，囊衣薄，化渣，品质上乘。单果种子2～3粒，10月下旬至11月上旬成熟。且抗寒、抗湿、丰产、稳产，成年树每亩产量可超过2 500千克。既可鲜食，也可加工糖水橘瓣罐头，具有果实表面光滑、果皮薄、高糖、着色早、成熟期早等优点，果实不耐贮藏是其不足，宜在台州及生态类似地区发展。

三、华农少核本地早

“华农少核本地早”是华中农业大学1962年从黄岩本地早实生驯化树中选育出的少核抗寒品种，定名为“华农少核本地早”。窑湾乡1986年3月引进1 000株，定植第3年始果，8年后株产50～100千克，1992年被当地评为优质宽皮桔类水果，是一个有发展前途的早熟高糖系品种。在窑湾乡主要表现为：耐寒性强，生长快、生长量大，结果早、丰产稳产，品质好，经济效益高等特点。果实着色美观均匀、大小整齐、果皮薄，可食率85%左右，果实可溶性固形物含量13%～15%，味香甜，少酸多汁，肉质细嫩，化渣，单果种子3粒左右，果实10月下旬成熟。

第三章　少核本地早生物学特性

一、生长特性

（一）根系

根系是少核本地早植株的重要组成部分。主要功能是从土壤中吸收水分和养分，贮藏有机营养物质，同时根系深入土中，有固定树体的作用。因此，培育深、广、密的根系是少核本地早实施丰产栽培的重要基础。

1. 根的分布和生长的周期性

少核本地早的栽培条件和砧木不同，根的分布也不一样。根是由种子的胚根生长形成，一般主根比较发达，且不同砧木品种，根的分布也不一样，如枸头橙砧木的少核本地早主根深而旺盛，枳壳和本地早砧的少核本地早主根短，须根多，根的分布浅。根在一年中有几次生长高峰，同地上部的生长密切相关。根的生长常与枝梢的生长交替进行，即在枝梢生长高峰发生之后，根系得到地上部一定量的有机养分后，就开始迅速生长，直至夏梢抽生前，新根大量发生，发根量最多，形成第一次根的生长高峰。第二次根生长高峰在夏梢抽生后，发根量较少。第三次高峰在秋梢生长停止后，发根量也较多。

2. 根的分布、生长和外界环境条件的关系

少核本地早根系的分布宽度远大于树冠的冠幅，但根系分布同栽培技术、土壤条件有关，尤其与土层深浅、土质优劣的关系密切，对土质疏松、地下水位低的，根系分布可深达1.5米，但主要分布在表土下10～60厘米的土层较多，约占总根量的80%。山地种植的少核本地早，因土层深，土质疏松，根的分布也较海涂泥和水稻土的深而发达。另外，土壤含水量、土温、含氧量等对根的生长有直接关系，如土壤含水量过大，根的分布就浅，甚至会引发烂根。

少核本地早根系开始生长的温度，一般土温在12℃左右，20～22℃根伸长活动最好，25～30℃时生长就受抑制。台州橘区地表30厘米以下的地温，4月上旬至12月上旬土温都可达到12℃以上，6～10月的平均温度为25℃左右，是根系生长的适宜时期。少核本地早根系生长适宜的土壤湿度，一般为土壤最大持水量的60%～80%。土壤透气性对根的生长也非常重要，新根的生长要求土壤空隙的含氧量在8%以上，如土壤空隙含氧量低于4%，新根生长就缓慢。当含氧量低于1.5%时，就会阻碍新根生长，还会引起根系腐烂。因此，少核本地早种植除要选择在土层深、有机质含量高的土壤上外，还要重视做好中耕改土等工作。

（二）树体

1. 枝干

主干是从根颈到分枝点以下的树干部分，是支撑树冠的基础，又是根系和树冠之间互相联系的重要部位。少核本地早树有明显的主干，如没有粗大的主干就难形成丰产的树冠，维护好树干是实现丰产、延长树体经济寿命的首要条件。少核本地早砧木的不同，主干的形态也不一样，嫁接树由于受砧穗亲和性的影响和砧穗之间的性状不同，主干砧穗部位的表现也不一致，如构头橙、枳壳砧木嫁接少核本地早，砧穗部表现上小下大；本地早嫁接少核本地早的，砧穗部表现上下接近或同样大；小红橙嫁接少核本地早的，砧穗部表现上大下小。

着生在主干或主干延长枝上的分支称为主枝，在主枝上分生的大侧枝称为副主枝，成为树冠的主要骨架，也称为骨干枝，在骨干枝上着生许多小侧枝称为枝组，成为树冠的重要组成部分。

少核本地早枝梢在幼小时，表皮绿色含有叶绿素，也有气孔，因此和叶片一样也能进行光合作用。少核本地早枝梢开始多为扁圆形，随着枝条成熟度增加，逐渐成为圆形。

少核本地早的枝干不喜欢阳光直射，在老树更新或高接换种时，一定要保留部分枝叶，不可将大量枝叶同时锯掉，若要锯掉大量树枝时，必须对树干进行涂白保护。

2. 树冠

不同繁育方法和不同砧木、品系，形成树冠的性状也不一样，本地早实生树枝梢生长具有直立性，常表现树冠高大，而少核本地早嫁接树由于分枝角度大，发枝数量多，树冠比较开张而成圆头形。不同砧木和不同品系由于性状差异，形成树冠的形状也不一致。总体来说，少核本地早由于抽枝多，发枝力强，常形成自然圆头形树冠。

3. 寿命和结果期

少核本地早寿命较长，一般经济寿命可达30～40年，因栽培条件和砧木不同而异。利用枳壳做砧木的寿命短，利用构头橙和本地早做砧木的寿命较长。寿命长短还与繁育方式有关，但主要取决于栽培管理，科学合理的栽培管理，有利于延长少核本地早的经济寿命。

少核本地早进入结果期的早迟，跟选用的砧木有密切关系。如选用枳壳和本地早砧木，进入结果期早；而选用枸头橙砧木的，树势强健，进入结果期相对较迟。

4. 枝梢类型和生长特性

少核本地早枝梢一年可抽生3～4次，有春梢、夏梢、秋梢、晚秋梢。抽梢次数常随气温、树龄及当年结果量多少而异。一般幼年树一年能抽4次梢。如成年结果树挂果多，抽梢次数就减少。

（1）春梢：一般3月中旬开始抽生，由于春季气温较低，枝条生长缓慢、充实且抽发数量多而整齐，节间短、叶片较小而狭长，叶色浓绿。一般长10～15厘米，短的2～5厘米。除作为当年结果枝外，生长充实的春梢也是明年很好的结果母枝。

（2）夏梢：又称六月梢，在6月抽生，抽生期不整齐，时值梅雨季节，气温高，生长量较大，枝条粗壮、节间长、呈菱形，叶片宽大，椭圆形先端圆钝，叶缘有浅波状锯齿，一般长20～30厘米。幼树上的夏梢对扩大树冠成为良好的骨干枝有重要作用。成年树的夏梢与坐果关系密切，少核本地早常因夏梢大量抽发，因梢果营养争夺而造成严重落果。少核本地早丰产栽培必须实施控梢保果。

（3）秋梢：8月开始抽生，枝条粗壮，节间较长。叶片宽椭圆形，两端圆钝，锯齿圆浅，一般长20～30厘米。秋梢也是优良的结果母枝，尤以3～6厘米长的结果为好。

（4）晚秋梢：9月中旬以后抽生，枝梢生长较弱或不能正常老熟，易遭病虫和低温等因素影响而受冻，在暖冬年份有一定的利用价值。

5. 叶的生长特性

叶片是柑橘树进行光合作用，制造和贮藏有机养分的重要器官，叶片寿命一般为17～24个月，通常情况下，春季开花末期落叶较多，而橘树40%以上的氮素都贮藏在叶片中，如叶片提早脱落，对橘树的生长、结果和安全越冬等都会带来影响。因此，保护好叶片，扩大叶面积，增强其光合功能是确保少核本地早丰产稳产的一项重要措施，同时叶片的颜色、大小及养分含量也直接反映出树体的营养状况，通常通过对叶片的观察和营养分析来判断树体的营养水平，可作为少核本地早实施配方施肥的重要依据。

二、开花结果习性

（一）结果母枝

在一般气候条件下，少核本地早的春、夏、秋梢在生长后期积累足够的养分后，都能成为结果母枝。但在相同的环境条件下，由于树龄和营养状况的差异，能成为结果母枝的梢的类别也有差异。一般少核本地早的结果母枝以春梢和秋梢为主，但初结果树的结果母枝以夏秋梢为主，老年树则以春梢为主。少核本地早结果母枝长度依树龄和梢的类别也有差异，一般幼树结果母枝长，成年树结果母枝短，夏梢或秋梢结果母枝长，春梢结果母枝短。

（二）结果枝

少核本地早结果枝是由结果母枝先端的芽或附近的几个侧芽抽生而成，以先端抽生的结果好。一般在 4 月初至 4 月底抽生。结果枝可分为有叶结果枝和无叶结果枝两类，有叶结果枝比无叶结果枝着果率高，少核本地早以有叶结果枝发生居多，有叶结果枝和无叶结果枝所占的比例因树龄、树势不同也有差异。一般幼年结果树有叶结果枝比成年树多，强壮树比衰弱树多，健壮的春梢和秋梢有叶结果枝抽发多，而瘦弱的春梢和细长的秋梢抽生无叶结果枝多。

（三）花、果实

花芽自 11 ~ 12 月开始分化，至翌年 1 月形成花芽，雌蕊、雄蕊分化期在 2 月中旬至 3 月中旬，这个时期在栽培上，必须加强肥水管理，确保强健树势，保叶护叶，尽量减少落叶，以促进碳水化合物积累，满足花芽分化需要。

少核本地早的花通常为完全花，因气候条件影响或营养不良成为畸形花的比例也不少，一般占总花量的 48.5%。如畸形花发生率高，坐果率就低。同时少核本地早有时也会出现迟开花和秋季开花现象，这种花有时亦能结果，但果实不能成熟没有经济价值。

少核本地早花为单花，同普通本地早相比，花粉量少，花粉发芽率低，如对花进行去雄套袋处理，也能坐果。因花粉少和花粉发芽率低，使少核本地早能够具备单性结实的能力。

少核本地早开花在 4 月底至 5 月初，整个花期约 10 天。少核本地早的花量很多，一般成年树每株的花量达 1 万 ~ 3 万朵，但坐果率只有 4% 左右。

少核本地早属于橘类，果实称为橘。果皮由外、中果皮构成，外果皮表面角质化，有光亮，其内层布满油胞。中果皮与外果皮无明显的区分，外果皮与中果皮的外部构成果皮外面的有色部分。中果皮的内侧叫橘白，有白色、淡黄色，内果皮外有维管束，叫橘络。

三、物候期

少核本地早不同品系、在不同地区栽培，由于气候条件之间的差异而导致物候期也有差异。一年中主要有以下几个物候期。

（一）发芽期

一般在3月中旬，主要包括芽萌动、露顶、抽芽3个时期。春芽萌动期平均温度10℃左右。

（二）抽梢期

从第一片叶展开并开始伸长开始，直至生长停止，包括初梢、盛梢及停梢，春梢抽生一般4月中旬开始，盛梢期在4月下旬。夏梢从6月中旬开始抽生，至7月中旬停梢。秋梢自7月底至8月初开始抽生，8月下旬停梢。

（三）花蕾期

4月上旬开始孕蕾，含苞期在4月中下旬。花蕾期包括孕蕾和含苞两个时期。

（四）开花期

开花期包括初花、盛花、谢花3个时期。少核本地早开花期，一般在4月下旬始花，4月底或5月初盛花，5月上旬谢花，花期约10天。

（五）落果期

分前期落果和后期落果。前期落果在5月中旬至6月上旬，是带果梗和萼片一起脱落的；后期落果是幼果从蜜盘脱落，在6月中下旬至7月中旬。

（六）果实生长期

果实生长分缓慢生长期和加速生长期。落花后至5月底果实生长缓慢期，落果后开始加速生长。7月中下旬为果实生长缓慢期，8月上旬开始加速生长，9月底生长又趋于缓慢，直至成熟期生长又加快。同时果实生长发育与水分有密切关系，如7～9月雨量充足，分布均匀，果实则显著增大，单果重增加，反之干旱少雨，单果重就减少。

（七）果实成熟期

台州少核本地早一般在11月中旬成熟，果实成熟期的早晚与品系、日照、雨量、温度等有关。

（八）花芽分化期

花芽分化期与品系和环境条件有关。少核本地早的花芽分化期一般在11月中旬至翌年3月中旬。一般碳氮比高，花芽分化良好；如秋冬季温度持续在1～5℃的时间较长，晴日少雨、光照充足，则花芽分化良好。

四、对外界环境条件的要求

（一）气候条件

1. 温度

少核本地早的栽培大都位于亚热带地区。由于各地温度的差异较大，对少核本地早的生长、产量和品质有一定的影响，同时温度也是限制少核本地早栽培和分布范围的主要因素之一。

（1）最低温度：少核本地早栽培的最低温度是指能生存而不受冻害的温度。少核本地早的最低忍受温度依树龄、生长发育状况和低温持续时间、生长环境以及其他气候状况而有差异，台州宽皮柑橘类的临界低温－7℃左右，在树体生长健壮的情况下，均能安全越冬，如－7℃低温持续时间超过3小时，就可能受害，当低温伴随强烈寒风，冻害更加严重。少核本地早最低能忍受－9℃的低温，但在不同生长发育时期所能忍受的最低温度也有所差异。据报道，宽皮柑橘花蕾期为－1.1℃，开花期为－0.55℃，幼果期为－3.3℃，果实成熟期为－3.3℃，寒冬时节一般降到－5℃时，叶可能受害，到－6℃时小枝可能受害，到－8℃时大枝梢可能受害，到－9℃以下时主干及全株均可能受害。

（2）最高温度：少核本地早等柑橘的最高温度不得超过40℃，温度过高，日照太强，果实和新梢嫩叶易受灼伤，影响当年或翌年的产量。果实日灼病就是因为温度太高、日照太强而引起的，同时高温还会引发落果和树体枝叶的凋萎。

（3）有效温度：一般少核本地早等宽皮柑橘类在12.5℃以上开始生长，超过40℃停止生长，有效温度在12.5～40℃，少核本地早生长的最适温度为16.5～19℃。有效积温目前一般采用气象学通用的计算标准，即以全年稳定通过10℃的日平均温度累计数为有效积温。我国柑橘产区自北到南，年有效积温在4 500～9 000℃。按全国柑橘区划：少核本地早等宽皮柑橘类年平均气温17～20℃为最适宜区，年有效积温大于或等于5 500～6 500℃，小于4 500℃的均为不适宜区。

2. 水分及湿度

少核本地早等宽皮柑橘类原产热带和亚热带，位于高温多湿的生长环境，在生长发育过程中需要很多水分，如水分不足，生长就要受到抑制，甚至引起落花、落果和落叶，严重影响产量和品质。少核本地早等宽皮橘类要求年降雨量为1 500～2 000毫米，在果实生长发育期，要求供水充足。

空气湿度主要关系到柑橘树蒸腾的大小，在一定范围内，空气湿度高，树体生长快，果实发育好，果面光滑，皮薄多汁，外形美观，但风味偏淡，同时湿度高，有利果实发育，提高产量，但易发生病害，不耐贮藏。湿度低有利于果实糖分的积累，提高果实品质和耐贮性，但果个偏小、产量也略低。少核本地早等柑橘的生长以相对湿度75%左右最为适宜。

3. 光照

少核本地早等柑橘属半耐阴性的果树。光照充足，生长健壮，叶色浓绿，病虫害少，产量高，果实品质好，色泽鲜艳。如树冠外围枝叶密生，内部透光不良，内膛枝就容易造成枯死，影响产量。若冬季光照不足，花芽分化差，畸形花增多。梅雨季节低温多阴雨，容易引发落花落果。

少核本地早虽然要求充足的光照，但日照太强和温度太高会引起叶绿素的分解。易发生日烧，引起叶片、枝干、皮层和果实局部坏死。一般柑橘的光合作用及正常生长所必需的光照强度，只要8 500～12 000勒克斯就可，而夏季的日照强度有时达到35 000勒克斯左右，超过所需光照的1/3。同时少核本地早等柑橘属半耐阴性，漫射光对光合作用更为有利。所以创造与柑橘生长适宜的光照、湿度条件，使树体结果良好，产量高而稳定。

4. 风

风对少核本地早栽培影响很大，可不断地输送二氧化碳进入果园，供叶片吸收，为光合作用提供充足的二氧化碳。风还可以帮助授粉，改变空气湿度及生长环境。浙江东南沿海属于强季风、多台风的地区，冬季来自西北的冷燥风，往往促进落叶或引发冻害，给柑橘带来一定的影响。春季嫩芽萌发期，沿海橘区因有较大的季节风，往往使嫩梢幼叶受伤，易致疮痂病、炭疽病等病害发生，影响枝叶生长。8、9月间的强大台风，往往引发落果、落叶，甚至枝条断裂。果实近成熟时如遇大风，易发生风癣，影响果实外观品质。冬季如遭受不同程度的冻害后再遇大风，落叶率显著增加，会加剧冻害。因此，在建园时必须考虑防护林的配置，以减轻风害对柑橘的影响。

（二）土壤条件

1. 土壤的种类

少核本地早等宽皮柑橘类对土壤的适应性较强，从我国橘区的土壤分布情况来看，几乎各种土壤类型都有，但以红壤和冲积土最为理想，这两种土壤土层厚、酸碱度适宜、排水良好、肥力高、盐分低，适宜柑橘生长。

2. 土层厚度

少核本地早等宽皮柑橘类对土层厚度的要求依砧木种类的不同而差异。枳壳砧木的少核本地早，根系浅而生长势不旺，栽培地土层可稍浅，而枸头橙和本地早砧木的，土层厚度要求在1米以上，如实施矮化密植栽培的，土层可相对浅些。

3. 土壤成分

少核本地早宜栽培在肥沃、含钾和钙较多的土壤，这种土壤栽培的果实，皮薄而光滑，有清香，较耐贮藏，尤其土壤含有微量盐分，不仅有利于根系对氮、钾的吸收和利用，还有利少核本地早果实品质的提高。少核本地早栽培土壤含盐量要求0.2%以下，超过此限，会影响根系的生长和对水分、养分的吸收，且海涂土壤常会出现缺铁黄化等现象。

4. 土壤酸碱度

土壤酸碱度（pH值）主要影响土壤中微生物的活动、营养元素的分解，以及根系对营养元素的吸收和酶的活性。少核本地早主要分布在pH值6～8之间的土壤上，也有少数种植在pH值<5或>8的土壤上，对强酸性土壤，要施适量石灰，中和酸性，降低酸度。对海涂碱性土壤，要排淡洗盐，实施土壤改良，降低土壤盐分。总之，少核本地早栽培适宜pH值在5.5～6.5的微酸性或pH值7～8的微碱性土壤中生长，结果好，品质优。

（三）地势条件

少核本地早不论山地、平原、海涂均可栽植，对地势无特殊要求。一般山地栽培，因其排水良好，根系发达，树龄长，易取得良好的经济效益。但山地因地形、地势等比较复杂，因此，要充分利用好小气候条件，如选择海拔高度300米以下种植。海拔过高，气温偏低，易遭冻害或风害，且管理不便。坡向，最好选择比较温暖的南坡或东南坡，其次是西南坡或东坡，北坡温度较低、日照少，不理想，除非有天然风障，寒风不易侵袭，冬季比较暖和的北坡也可栽培。对夏季气温高、日照强、雨水少、易干旱的地区，南坡也不适于少核本地早等柑橘生长。山地坡度一般不宜超过30℃，过陡不利于水土保持。总之，山区要重视逆温层的利用，避免在冷空气易沉积地带种植少核本地早。

第四章　少核本地早的育苗

一、苗圃的选择

少核本地早的苗圃应选择避风向阳，排水良好的平地或坡度10°以下的山地，交通方便、水源充足，土壤以壤土或砂质壤土，要求肥力足、土质疏松、土层深度30厘米以上和pH值5.5～7.5为宜。苗圃地要实施轮作，已育苗2～3年的，必须经过1～2年的改种其他作物后，方可继续育苗。

（1）位置：苗圃宜设在交通方便、靠近水源、远离疫区的地方。凡有检疫性病虫杂草的地区或有污染源的地方均不宜建立苗圃。山区不宜在冷空气沉积的山谷或易受风寒的地带建立苗圃。

（2）地势：要选择光照充足、排水良好、地势较平坦的地方。不宜在高山、陡坡、光照不足的地方建圃育苗。

（3）土壤：选择土层深厚、土壤疏松、肥沃通透性良好的中性或微酸性的砂壤土或轻黏土为好。砂土保肥、保水能力差，重黏土通透性差又易板结，不利根系发育，均不宜作苗圃。

二、砧木苗的培育

（一）砧木的选择

砧木是少核本地早育苗的基础，选择合适的砧木对产量、品质、抗逆性和寿命密切相关。应具有适合当地自然条件，生长快、繁殖容易、根系发达、抗逆性强、与接穗品种亲和力好，能达到优质丰产等特点，同时具有广泛的来源。目前，少核本地早上应用的砧木主要有枸头橙、本地早、枳壳，其中，80%以上为枸头橙砧木，各种砧木嫁接少核本地早，表现的差异也十分明显。

1. 枸头橙

少核本地早主要种植在东部沿海平原，系海涂泥，土壤呈碱性，通常都选用枸头橙砧木，可克服海涂柑橘缺铁黄化，同时具有生长快、树势强、结果迟、坐果不稳和果实品质表现良莠不一等特点，枸头橙砧木的少核本地早树势强，树冠发育快，耐盐碱，抗寒，虽结果较晚，但后期丰产稳产，是广泛使用的地方砧木品种，枸头橙砧的少核本地早具有根系发达、树体强健、寿命长、耐涝耐盐、适合平原和海涂栽植、树形乔化、不宜作矮化栽培等特点。经济寿命一般可达50年以上，甚至超过100年。

2. 本地早

自2001年开始，开展少核本地早的砧木筛选示范试验，通过多年的比较试验和综合分析，用本地早代替枸头橙为少核本地早的砧木，对解决沿海柑橘缺铁黄化具有同样的作用，同时还能促进少核本地早的早结和优质丰产。据对椒江农场几个示范点的观察调查，选用本地早砧木的少核本地早具有树势中庸、结果早、丰产稳产、果个大小均匀一致、果皮薄而光滑、果肉囊衣薄、柔软多汁、化渣、甜酸适口、可食率高等特点，一般可提早结果1～2年，果实可溶性固形物含量提高一个百分点左右，尤其实施大棚完熟栽培，推迟至12月采收，果实品质提高更为明显。在海涂盐碱地栽培，树势强健、树形紧凑、结果性能好，耐盐碱，品质优良，在山地表现也较好。

3. 枳壳

山地可用枳壳作砧木，表现为结果早，品质好，但树势弱。海涂少核本地早选用枳壳砧木的，不耐盐碱，表现生长慢，易早衰，甚至植株死亡，优点是枳壳砧木的海涂少核本地早，结果早、成熟早，品质优，肉质细嫩，甜酸适口，不耐盐碱，在海涂盐碱土栽植易缺铁黄化，生长偏弱。

（二）砧木种子采收

1. 种子的采收期

枸头橙于12月，枳壳于9月，本地早于12月。

2. 种子的处理

采种用的果实在充分成熟时采收，采收后经贮藏后熟，再剖开果实取出种子，并将种子表面的果胶质等杂质漂洗干净，于通风处晾干至种皮发白为止。种子切不可于阳光下暴晒，否则会影响发芽率。

（1）人工剥取种子：先将种果齐腰部切开，用木棍榨出汁液，然后用手剥开果实取出种子。种子取出后用草木灰水洗净种子表面滑润的胶质，再用清水漂洗干净，然后摊在阴凉处晾干，晾到种子不皱皮即可。不宜过干，也不宜过湿。冬播的可以随剥随播。

（2）果实腐烂法：成熟种果采收后装入箩筐，放置阴凉通风处贮藏，让果实自然腐烂，但在种子仍保持新鲜，待播种时取果剥种，随剥随播。但注意不宜堆叠过高，以防果实腐烂过程中发热而影响种子质量，同时还要防鼠害。

3. 种子播前处理

种子播前用54～56℃温水浸种50分钟，再用1%的高锰酸钾液浸种10分钟，以杀灭病菌，有利种子贮藏。

（三）砧木种子贮藏和运输

种子采收后，宜用湿度5%～10%的干河沙贮藏种子于避风阴凉处，层高以30～40厘米为宜，上盖塑料薄膜防止鼠害。如需长途运输，宜与河沙木炭粉或谷壳混合并用木箱麻袋等装运，不宜用塑料袋装运。每件容积不宜过大。取出的种子如不立即播种，应晾干后进行贮藏。一般采用砂藏法，以湿润的河砂与种子混合存放。河砂宜用粗砂，以利通气。河砂湿度以手捏能成团，放手让其自然落地能破裂成大块为度。河砂与种子的比例是2：1。贮存种子的地方空气要流通，能保持适当的温湿度。温度过高，会使种子呼吸加剧，大量消耗种子本身的营养物质，降低种子生活力而影响发芽率。湿度过大则缺乏空气，易造成种子缺氧而积存大量的二氧化碳气体，致使种子霉烂。在贮藏期间，每隔半个月要翻动一次，以调节河沙的干湿度，防止温度过高或鼠害等。就地砂藏堆积不宜过高，一般以20厘米左右为宜。

（四）播种

1. 苗床准备

播种或移植前15天进行土壤翻耕（闲置的土地年内翻耕，经土壤风化后再播），深25～30厘米，对条播的每公顷施人粪尿7 500千克，撒播的施人粪尿15 000千克，或用腐熟的厩肥、饼肥等作基肥，每公顷均匀放入腐熟有机肥料45～60吨。同时在土壤翻耕时，每公顷用50%辛硫磷乳剂20～30千克，混拌细土或淡水沙400～450千克，均匀撒入土中，以杀死地下害虫，并按南北方向划畦，畦宽1.2米，畦沟宽25厘米，深25厘米，畦的围沟深、宽各30厘米。

2. 播种时期与方法

播种期选择在1～2月，可选用撒播或条播，播种后轻压种子，然后均匀施上焦泥灰或育苗基质，以盖住种子为度，再用塑料薄膜或稻草覆盖。

3. 播种量

枸头橙撒播100千克/亩，条播50千克/亩；枳撒播130千克/亩，条播65千克/亩；本地早撒播110千克/亩，条播55千克/亩。

（五）播后管理

种子播后至发芽前，土壤要保持一定的湿度，床土发白时及时揭膜浇水，并要经常检查，防鼠害和鸟害，出苗后拿去覆盖物，保持畦面上湿润，并及时浇施稀薄肥水。待幼苗大部分出土后，要及时在傍晚或阴天揭去覆盖物，并清除畦面杂草。3～4 片真叶后开始施肥，撒播苗每亩施稀薄人粪尿 500 千克，条播苗施 200 千克，以后每隔 1 个月施一次，肥料逐渐加浓，到 8 月上旬停止施肥。播种苗在移植前要及时松土除草，避免土壤板结而影响苗木生长。撒播的要人工拔除杂草。雨季要特别注意开沟排水，保持园沟流水畅通，防止积水烂根。幼苗期，要及时对地老虎、蚯蚓等害虫进行防治。

（六）砧木苗移植和培育

1. 移植

（1）移植时期：当苗高 10 厘米以上，最好选择无风阴天进行移植。砧木苗的移植以 4 月下旬至 5 月下旬为宜，因为这个时期气温较低，湿度较大，苗木移植后容易成活。

（2）移植方法：掘苗要细心，尽量不伤根部，掘苗数量以当天移植当天能栽完为原则，做到随掘随栽。另外，为了使苗木生长一致，管理方便，移植苗应按大小分别进行移栽。此外，苗木主根过长必须短剪，保留 5～8 厘米。对苗茎细弱、主干严重弯曲的苗，应予淘汰。

（3）移植的株行距：为培育壮苗，必须合理栽植，株行距不可过密，一般以行距 18～20 厘米、株距 13～16 厘米为宜，每亩栽 20 000株，最多不超过 25 000株。对出圃时，需要带土移植的，每亩栽 0. 8 万～1 万株。移栽时将根部土壤压紧，并随时浇上稀薄人粪尿，使根部与土壤密接，促进成活。

2. 砧木苗的管理

砧木苗移植后，要加强培育管理，促进苗木健壮生长，以达到适期嫁接的目的。主要管理措施有以下几项。

（1）及时施肥与灌水：移栽成活后每月施 1 次薄肥（人粪尿波美度 0. 5°～1°或尿素 0. 2%～0. 3%），8 月中旬到 10 月停施，11 月上旬再施 1 次越冬肥，如土壤干燥，要及时灌顶根水。移栽成活后的施肥，一般年施 4～5 次，施肥量为每亩稀薄人粪尿 400～600 千克，复合肥料应掺水液施，做到薄肥勤施。

（2）开沟排水：苗木最怕积水，圃地畦沟及围沟要保持排水畅通。大雨后要及时疏通围沟，排除积水，防止涝害。冬季要整修好沟渠系统。

（3）松土除草：及时铲除或拔除苗圃中的杂草，或用化学除草剂杀灭杂草。如用锄头除草，谨防伤及苗木主干，以保持嫁接部位的平滑。

（4）抹芽摘心：砧木苗在一年中能多次抽梢，其中夏梢最易徒长，要适时进行摘心，控制高度，促进主干增粗，苗木主干 12 厘米以下的芽及时抹去，苗长高至 30 厘米时摘心，以免消耗养分。

三、嫁接苗的培育

（一）接穗

1. 接穗的选择

应从少核本地早高产优质的母本树上采集。接穗必须在经过鉴定的优良母树上采取，保证品种纯正、无严重病虫害。最好采用树冠中上部生长充实的健壮枝梢作为接穗。一般春季枝接用上年的春、夏梢，秋季芽接用当年的春梢或已木质化的夏梢。少核本地早的接穗以老熟的春梢为好。

2. 接穗的采取

接穗最好在当天早上或上午剪取，剪下后立即剪去叶片（只留叶柄），每25支或50支扎成一束，标明品种品系，随采随接。

3. 接穗的贮存

育苗单位如果本身没有母本园或采穗圃，需要向外地采取接穗的，不可避免要进行一段时间的贮存或运输。贮存接穗一般用苔藓、尼龙薄膜包裹，或用含水分2%的淡砂覆盖。大量砂藏接穗要作竖直排列，以利通气，并放在阴凉环境处。

（二）嫁接部位

砧木离地面3~5厘米处。

（三）嫁接时间

在台州的气候条件下，枝接一般在2月下旬到3月下旬进行；芽接一般在9、10月进行。枳砧宜在8月中旬到9月下旬嫁接；构头橙砧宜在10月中旬到10月下旬嫁接。应选择无风晴天或阴天进行嫁接，忌在有西北风和西风的天气进行。芽片腹接在9~10月，切接在3~4月。

（四）砧木大小

芽片腹接的砧木主干直径0.7厘米以上，切接的砧木主干直径0.8厘米以上。

（五）嫁接方法

1. 芽片腹接

在砧木腹部从上而下略向内削去皮层，削面深达木质部，长度1.5~2.0

厘米，再从遮住削面皮层上方1厘米处向上朝内斜削1刀，切断皮层。使砧木的削面露出1/2～2/3，削面要平滑；再从接穗上削取长1.5厘米、削面平滑、微带木质部的盾形芽片。将其从砧木削面上方插入接口，然后用长约25厘米、宽约1厘米的薄膜，从下而上将芽片包紧，不留空隙。

2. 切接

剪断砧木，剪口要平，选择砧木的平滑一面为嫁接面，用刀将选作接面上的剪口斜削去宽0.15厘米的一小块，在剪口的韧皮部与木质之间向下斜切1刀，深达木质部长1.5～2.0厘米。选择接穗扁平的一面，在其背面呈45°三角形向下削一刀，长约0.2厘米。然后在扁平的一面上方向下削去韧皮部，长1.3～1.8厘米，削面应光滑并露出木质部，再在接穗芽的上部，0.3～0.5厘米处横向削断，然后将削好的接穗自上而下插入嫁接部，接穗的削面露出0.15厘米左右，以利接口愈合。接穗要插正，砧木和接穗大小一致或接穗大于砧木可插在中间，如砧木大于接穗，应靠砧木一边插入，使彼此形成层相接。再用长约30厘米、宽约1.0厘米的薄膜，左手持薄膜的1/4长，右手持薄膜3/4长，以嫁接处为中心，右手先缠1～2转后，即将左手所持薄膜反卷，包住接穗剪口，露出芽眼，再在砧木剪口处绕1～2转，把剪口包严，在砧穗结合处绕1～2转，抽紧打结。薄膜包扎松紧要适当，要密封切口和接穗露白处，不能移动歪斜，以免影响成活率。

（六）嫁接苗的管理

1. 剪砧

翌年2月下旬，芽接苗在芽接处上方0.5厘米处剪断砧木。

2. 破膜与补接

枝接在接后20天左右进行检查，发现死株及时补接，到春梢生长停止后解除包扎的薄膜。解膜不宜过早或过迟，过早切口愈合不牢固，容易振动开裂；过迟则会造成缢痕，影响苗木生长。芽接在接后15天左右进行检查，如芽色新鲜、叶柄脱落或用手轻触即落，表示已成活。芽接苗在3月中下旬进行破膜，未成活的可用切接补接。切接苗在接后一个半月内检查成活与否，如薄膜包住芽头，应及时割开薄膜，未成活的随时补接，在秋季割除薄膜。

3. 芽接苗的施肥

嫁接成活后，要及时追施肥料，促进新芽苗壮生长。肥料施用由淡到浓、从少到多，在剪砧前要施薄肥1次，从新梢抽发至8月上旬，再施肥3～4次，每次每亩施人粪尿500千克，8月下旬停止施肥，促使枝条木质化，增强耐寒性。11月上旬再施肥1次。同时做好清沟排水，严防积水而引起病害和烂根。

4. 松土除草

苗地要及时松土除草，操作时尽量不要伤根伤苗，保证苗木生长良好，减少病菌侵染。

5. 摘心定干和抹芽

摘心主要是培养主干，摘心高度应根据苗木分枝点的高低来确定，而分枝带的高低随栽植地区、品种不同而异，如沿海地区种植的主干宜低，以利防风，实行矮化密植的苗木要低干，实行机械操作的分枝点宜高些。台州柑橘一般主干高度在25厘米左右，因此，在苗高35厘米时进行定干摘心，保证在苗高20～30厘米区间内均匀分布的3～4个分枝，将20厘米以下的芽全部抹除，防止立地开杈。

6. 病虫害防治

对砧木苗的立枯病，嫁接苗的疮痂病、炭疽病、红蜘蛛、蚜虫、潜叶蛾和凤蝶等病虫害必须及时防治。针对不同的病虫害要及时选用对口农药进行防治，保证苗木健壮生长，提高苗木质量。

7. 苗木假植

为适应大苗定植，建立速生橘园，需要培育2～3年生的大规格苗木，必须设立假植圃。苗木假植，集中培育，具有方便管理、经济用地、节省劳力和节约成本的优点。

四、脱毒苗的繁育

少核本地早脱毒苗繁育，2009年委托中国农业科学院柑橘研究所采用茎尖嫁接方式，进行脱毒苗培育。茎尖嫁接主要是脱除柑橘黄龙病、裂皮病、木质陷孔病、顽固病、衰退病、柑橘杂色花叶病、碎叶病、萎缩病等多种柑橘病害，2011年已取得少核本地早脱毒苗，目前作为原种保存在防虫网室大棚内，为实施少核本地早脱毒容器苗的繁育打下了基础。

五 苗木出圃

（一）起苗

1. 起苗时间

根据定植时间确定起苗时间，应随起随植。

2. 起苗方法

有带土与不带土两种。如运输条件好，则采取带土定植；如运输距离远，也可以不带土，但要包装得好，保持根系鲜活。带土起苗适于稀植苗圃，掘时带土块，单株包扎。

（二）苗木分级

出圃苗木要求品种纯正，无检疫性病虫害，接口愈合良好，根系发达，须根多，主干垂直，叶厚、叶色浓绿，苗高在40厘米以上，苗木粗壮，苗木粗度大于0.8厘米，分枝3个以上。不合格的苗木集中在苗圃再培养，待合格后再出圃。按生长势分为一、二级苗，见下表。

表　苗木分级

项目	一级	二级
高度（cm）	≥40	30～39
粗度（cm）	≥0.8	0.6～0.7
分枝数（个）	≥3	2～3
根系	发达	发达
非检疫性病虫害	轻微	轻微
叶色	绿色	绿色
落叶率（%）	<20	<20

（三）苗木检疫

起苗后，根据病虫害发生情况，按国家有关检疫规定进行检疫，有检疫对象的苗木严禁出圃。

（四）苗木消毒

为使苗木病虫害不传播到大田，出圃时必须进行消毒处理。具体根据病虫害种类，选用对口农药，将苗木枝叶全部浸湿。发现病枝、病叶应事先剪除，有检疫性病虫害的苗木严禁出圃。

（五）苗木 包装、标志、运输、存放

1. 包装

一级苗每捆（件）50株；二、三级苗每捆（件）100株。用塑料薄膜包好根系。苗木出圃后应及时包装，以保证根系活力，尤其不宜在烈日下暴晒。带土移植苗掘时要保护好土块，用稻草和草绳包扎，紧缚土块，防止破碎。不带土移植的，要剪除一部分叶片（1/3～2/3），用泥浆蘸根或苔藓护根。每50或100株为一捆，根部用稻草包好。包装好后，应挂上标签。运输时间较长

的，苗木堆叠不可太高，以保持空气流通。此外，在运输途中叶面要适当喷水保湿。

2. 标志

每捆（件）苗木应挂标签，标签上注明品种品系、砧木、苗龄、数量、等级、出圃日期和育苗单位等。

3. 运输

不带土苗运输要用泥浆蘸根或苔藓护根，长距离运输要剪去2/3叶片，短距离运输不必剪叶；带土运输，用塑料薄膜，单株包扎根部。运输途中，严防重压、日晒、雨淋，苗木运到后要及时定植。

向市外运输苗木，在起运前应按国家《植物检疫条例》办理植物检疫证书。

4. 存放

起苗后的苗木应防止风吹、日晒、雨淋。存放期间，保持根部湿润。

第五章　少核本地早橘园的建立

一、海涂平原建园

海涂平原建园应根据海涂土壤的特点及发展少核本地早的利弊等，通过合理的规划，将海涂种橘的一些不利因素转化为有利因素。海涂的特点是：地势平坦，土质黏重，地下水位高，土壤盐分含量高，碱性重，有机质含量低，土壤通透性能差，常受台风袭击。因此，在建园过程中必须充分予以考虑，按照道路规范化、灌排设施化、种植区域化、管理标准化、运输操作机械化、采后处理商品化的要求，精心布局，合理规划，最大限度地利用各种资源要素，切实提高园地的生产效率和经济效益。

（一）小区的划分

根据海塘情况和自然区面积大小，从方便管理和有利机械操作的原则，小区面积以 20～25 亩为宜，一般南北长 80～90 米，东西宽 160～180 米为宜，过小则土地利用不经济，过大不利于排灌和管理，一般以 4～6 个小区为一大区。

（二）道路设置

为有利于交通运输及日常管理，道路可分设主干道、支道、操作道三级，主干道为主要运输通道，要求位置适中，贯穿全园，与支道相通，并与外界公路相连接，一般要求路面宽 5～6 米。支道应与主干道相连，作为小区间的分界线，要求路宽 3～4 米。为方便管理和田间作业，园内应设田间操作道，路面宽为 1～2 米。

（三）排灌系统的设置

由于海涂地一般地势低洼，水位高，土壤中盐分不易排洗。在干旱季节，随着土壤水分的蒸发，底层的盐分随水分往上升，使表土含盐量急增，即出现所谓的“返盐现象”，严重影响柑橘生长。因此，海涂橘园水利系统的规划以有利洗盐降碱和降低地下水位为目的。海涂成片橘园的河道、沟渠、水闸应配套建设，供引淡排碱之用。排灌系统设总渠（河道）、围沟、畦沟（园沟）三部分组成，大果园设总渠（河道），一般宽12～15米，深2～2.5米。围沟通向总渠（河道），一般要求宽1～1.2米，深0.8～1米，并在通向河道处设立控水闸。畦沟（园沟）连通围沟，一般隔行开深0.6米，宽0.8米的园沟。

（四）防护林的营造

沿海风力比内地大，且夏秋季台风侵袭频繁，冬季又有寒风袭击，因此需要营造防护林，以防御风害及改善田间小气候。防护林应按地形设置，因地制宜，并结合塘坝、河道、道路等情况进行营造。防护林的主林带应与主要风害方向垂直，副林带与主林带相垂直，形成网格式防护林。主林带之间的距离视风力大小而定，一般每隔300～400米设一条。主林带的宽度最好为12～15米，副林带为8～10米。根据浙江海涂特点，结合目前海涂橘园防护林营造经验，以上部紧密、下部疏朗的透风林型较合适，也就是采用乔灌木混栽的防风林。防风林的主要树种有：木麻黄、桉树、水杉、珊瑚树、夹竹桃、紫穗槐、青皮竹等，在橘园定植前营造好。

（五）土地整理

1. 平整土地

规划种橘的新垦海涂，常因晒盐、养殖等原因而存在着局部的低洼地，必须先行平整，防止地势低而积水，同时有利于排咸洗盐，养淡改土。平整时不要打乱土层。土地平整后即可按规划标准进行放样，划分小区，开好大小沟渠，要求一畦一沟，做到深沟高畦。然后种植咸青或咸草、以及棉花等先锋作物进行洗盐养淡，待含盐量降至0.2%以下时（以蚕豆能长好为准），方可筑墩种橘。

2. 翻耕筑墩

筑墩前将全园土壤深翻耕15～20厘米。按品种品系要求，确定株行距后，方可筑墩。筑墩定植可克服海涂地下水位高、土壤含盐量高、碱性重等不利于橘树生长的因素。

海涂橘墩以平墩，即荸荠形为好，因为海涂泥易板结，平墩较能吸水保水。筑橘墩一般在秋后进行，先用竹竿确定橘墩的中心位置，然后在竹竿四周画1.5～2.0米直径的圆圈，把圈内的土壤下掘，挖成30～40厘米深的穴，把表土放在一边，再分层施入腐熟的有机肥直至畦面相平。用心土叠在橘墩周围，内填表土，并加150～250千克淡土筑成底宽1.8～2米、高80厘米、墩面75～80厘米的平墩。有条件的地方可全部利用客土筑墩，以促进幼树生长，切忌用沟泥或青紫泥作为橘墩的材料。筑墩时不可敲紧压实，因为土质黏重、结构差的土壤，一经敲实，就更显得坚硬，不利于根系的生长，甚至还会导致返盐。为了使墩内的土壤充分风化，可在墩顶挖一个直径为30厘米、深15～20厘米的穴，便于冬季积雨雪而冰冻风化。

非盐碱性的平原，建园原则同海涂。

二、丘陵山地建园

（一）园地选择

柑橘建园是百年大计。园地的选择事关种植的成败，选园时必须从地形、地势、土壤质地、水源等方面加以综合考虑。

1. 地形

低山缓坡地光照充足，空气流通，水土不易流失，适于大面积发展少核本地早。山谷低洼地因冷空气易沉积滞留，霜冻较多，同时又易积水，不宜建园。另外尽量避免在偏北寒风口建园。

2. 地势

（1）高度：不同海拔高度，气温、雨量等分布也不一致，不同的海拔高度，温度、湿度和光照等均有一定的变化规律，如海拔每升高100米，气温下降0.6℃左右，降雨量递增30～40毫米。同时，雨量、年积温和高温等因素直接影响柑橘的生长发育，一般宜在海拔300米以下栽种，超过300米以上的高度，气候变化比较大，容易发生冻害。

（2）坡度：山地坡度大小也是需要考虑的因素。坡度不同，温湿度也有差异。一般来说，南坡愈陡愈暖，北坡则相反。坡度越大，水土流失越严重。由于水土流失，土层脊薄，水分养分条件也变差，再加上梯面窄，梯壁易塌倒，操作管理困难，花工大。因此，一般坡度不要超过30°，以5°～20°的缓坡地为好，便于果园实行机械化。

（3）坡向：坡向与光照、温度和水分等有关。南坡日照强、温度高、日夜温差大，水分蒸发量也比北坡大，同时物候期早，果实成熟也早。如南坡土深80厘米处的土温，常比北坡同样深度的土温高4～5℃。东坡和西坡无多大差异，仅比南坡低1℃，因此，在缓坡地带坡向可不必考虑。

3. 土壤

土壤是柑橘生长发育的基础，土壤条件的优劣，与生产投资和经济效益关系很大。首先应选择土层深厚、土质疏松、排水良好、富含有机质、pH值5.5～6.5的微酸性土壤建园。从土壤质地来说，以壤土为好，主要指示植物有南天竹、蜈蚣草、野花椒等。其次是红壤土、黄壤土，也适于种植柑橘，指示植物以铁芒箕、马尾松、映山红等为代表。白石泥土质地较差，必须经改良后再种植。

4. 水源

水分是柑橘树体的重要组成部分，树体生长、结果都需要较多的水分。所以园地应选择背靠大山和附近有水库、山塘等水源充足的或有引水条件的地方建园。缺乏水源的地方不宜大面积发展，需配置供水设施后再建园。

（二）园地规划

橘园规划是园地建设的第一步。规划的好坏，直接关系到果园的经营管理，对生产、生活都有直接的影响。必须立足当前，着眼长远，搞好农、林、牧、果、交通、水利等的综合布局。园地规划总的要求是：品种良种化、基地规模化、运输管理机械化、排灌设施化、种植标准化、采后处理商品化，力求省工、节本、高效。

1. 小区划分

集体发展的橘园，规模要在50～100亩，按自然条件，相对集中成片，做到一次规划，一年或分年实施。承包经营的，面积也不宜过小，最好在30亩左右。小区应以各品种品系按分水岭、坡向划分，目的在于保持水土，方便管理。地形复杂的地带，小区划分宜小，按目前的栽培水平，以20～30亩为宜，也可按地形将几个小区合并成一个大区，面积100～200亩。面积小又零星分散的可不划区。

2. 道路规划

橘园道路的设置应从土地的利用率与小区划分相结合。面积大的果园设干路、支路、小路三级。

（1）干路：是全园交通大动脉，与附近水陆相连，内通各大区和各项设施场所，一般路面宽4～5米。

（2）支路：连接干路，通往各小区，是大区的主要道路，宽3～4米。

（3）小路：是小区内通道。外联支路，内通各个梯田，路宽1～1.5米。纵向小路可按山形设置，每个山岗设一条，在坡度大的地方应修成“之”字形。

对有条件的大型果园可以设置空中运输索道或单轨（双轨）运输车，以最短距离将产品运到山下的环山公路。小面积橘园设支路、小路即可。在开园前应确定各级道路的规划选址。

3. 水利设施规划

以有利水土保持为原则，以蓄为主，蓄排兼顾。做到平时能蓄水，旱时能灌水，下雨水不下山，大雨水不冲土的要求。

（1）防洪沟：橘园上方要带“帽子”。除保留原有的林木外，还要继续造林、护林以蓄水保土。林木与橘园交界处应开一条环防洪沟，连接排水沟，以防山洪冲坏园内梯壁。

（2）排水沟：应根据地形、水势和梯面情况，在道路两侧设置纵向排水沟。排水沟一般宽50厘米、深50～60厘米，为缓和水势，应迂回而下，开成梯阶形。水量大的沟底和沟壁要砌石或让其自然长草，每隔3～5米在沟内设跌水坑或拦水坝。

（3）保水沟：梯田内侧挖宽30厘米、深20～30厘米的竹节保水沟。

（4）蓄水池和小山塘：在水源充足地段，在园地的各小区修筑大小蓄水池和小山塘，以解决施肥、喷药、抗旱用水。一般每10～15亩建立能贮水30立方米的蓄水池一个。

（5）喷滴灌设施：对有条件的果园，应配置喷滴灌或微喷等设施。对橘园上方没有水源的，还要建立泵站等供水设施。

4. 防护林的营造

防护林对于改善橘园的生态条件，预防风害、冻害等有重要作用。因此，除保留一定数量的林木外，对易受冻害、风害的地方，还要在橘园外围10米处营造4～6行主林带。在干道、支路和排水沟两侧营造1～2行副林带，株行距为（1～1.5）米×（2～3）米（灌木可酌减）。防护林在建园前或建园时同步营造，为避免林木根系影响橘树生长，林带与附近橘树应相距2～3米，同时还要挖一条深1米、宽60厘米的隔离沟。防风林的树种可选用杉木、桉树、木麻黄、女贞、珊瑚树等。

5. 建筑物的安排

管理房、仓库、农机具房、畜牧场等要合理安排，尽量选在交通方便、水源充足的地方。同时还要留出一定面积饲料和绿肥生产基地。对规模较大的果园，一般建筑物等设施面积占总面积的15%～20%。

（三）梯田的修筑

山地修筑水平梯田，是做好水土保持的一项根本性措施。修筑梯田，可大大减少水土流失。

1. 筑梯田前的准备

（1）清理好园地的杂草和树木，保护好草根和树根。

（2）工具准备：自制水准三脚架、线锤三角架，4～5米长竹竿一根，竹签若干根。土制水准三脚架两脚高度为1米，足距1米，便于单人测量与插签。把三角架的两足放在静水面上，将水准器放在三角架中间位置移动，待水泡正中时刻上标记，然后挖一条槽将水准器按上，再在水平面上校正好，最后用蜡烛油固定水准器，便成水平三脚架。线锤三角架的制法同上面一样。

2. 梯田设计

按水平梯、顺山弯、盘山转、路沟通的原则设计。具体的要求是：便于操作，占地少，省劳力，梯面宽度要与柑橘的行距相适应。要防止过分重视梯田的整齐美观，而不按地形强行拉直拉平和按等宽标准修筑，势必导致处处挖土填凹，工程量大，浪费劳力，增加投入。另外过分按照地形，一律按等高标准修筑，不作调整，也会造成梯田宽、狭悬殊，尤其在地形复杂地段，对柑橘生长和操作不利，因此必须因地制宜进行梯田设计。

3. 等高线测定

在测量等高线前，先看一下整个山形，选择有代表性的坡面，择定“基点”，即每条等高线的起点。基点之间的水平距离便是梯面宽度。种植柑橘的梯田一般要求宽 3 ~ 4 米，在确定基点的水平距离时，因考虑到梯壁斜度，要增加 10% ~30% 。第一个基点先从顶部选定，然后用竹竿的一端水平放在这基点上，在另一端垂直的地面上定为第二个基点，插上竹签。按此由上而下，测出第三、第四基点……均插上竹签为标记，然后从各基点出发，用水平三角架向两侧延伸，测出等高点，将它连接成为等高线。

4. 等高线的调整

在坡度不同、凹凸不平的山坡上测出的等高线之间的距离不会相等，坡度大的地方距离就窄，坡度小的地方距离就宽。因此，要把过窄地方的等高线去掉一条，称为减线。在过宽的地方加上一条或二条，称为加线。由于地形的关系，连接起来的等高线常常不成弧线，因此还要按山形“大弯随弯，小弯取直”的原则进行调整，使成为一条比较直的弧线，并用竹签定线作为梯壁的基线。

5. 修筑梯田

一般从下向上依次进行，沿最低一条等高线做清基工作，挖一条宽 30 厘米、深 15 ~ 20 厘米的梯壁基脚，用草皮砖沿着开好的基脚交错砌叠，有柴草的一面向下。梯壁厚度视高度而定，壁高砌厚些，一般 40 ~ 60 厘米。草砖梯壁应向内倾斜 70° ~ 80°。若坡度大的地方可在梯壁基部保留一段草坡面，以防崩塌。如有条件，可用石块垒成石壁梯田则更为理想。在筑梯壁过程中，必须边翻土边填土，把上坡的土翻至下坡，梯面向内倾斜 3° ~ 5°，梯壁高出梯面 5 ~ 10 厘米，再将内侧梯面深翻 50 厘米，使整个梯田土壤疏松。

6. 开好定植穴，施足基肥

定植穴应在离梯壁 1 米左右处挖掘，要求直径 1 米、深 80 厘米。在种橘前一个月挖好，每株施土杂肥 30 ~ 50 千克，磷肥和石灰各 0.5 千克。土质差的还要加肥土（指将土杂肥和山土拌成）100千克，或分层填入，再覆表土，用脚踏实，待定植。

三、苗木定植

少核本地早栽培自小苗定植到投产结果，一般需要5~6年，管理周期长，投入成本高。如选用大苗带土定植，不仅可提早结果2~3年，还能大大降低生产成本，缩短资金回收期。一般小苗按株行距0.5米×0.5米进行假植，经过2~3年集中培育管理，选择秋季或春季带土定植上墩，这样可大大降低生产成本，又方便管理，尤在目前劳动力价格不断提高的情况下，具有很好的推广价值。

（一）栽植时间

1. 春季栽植

以春季气温稳定回升、橘树尚未萌芽前，即在2月下旬至3月中旬春梢萌芽前进行栽植为宜。

2. 秋季栽植

无冻害、秋旱地区也可以在10月进行秋植，以9月中旬至10月中旬为宜。容器苗和带土移栽不受季节限制。定植时最好选择无风阴天，切忌西北风天移植。

（二）栽植密度

少核本地早由于生长势强，树冠高大，结果期长，一般每亩栽50株左右，在生产前期土地等自然资源利用率低，进入投产期迟，产量低。如采用计划密植，按永久树和间伐树分别定植，对永久树，一般按株距3.5~4米、行距4~4.5米进行定植。按亩栽植的永久植株数计，少核本地早45~55株，株行距（3~3.5）米×4米，具体栽植密度应根据砧穗组合、立地条件和管理水平而定。间伐树则在永久树株间或行间种植，定植数量为永久树的1倍，对间伐树的管理，要以确保永久树的正常生产结果为中心，随着树体的不断扩大，及时剪除交叉重叠枝或分批间伐移植。实行计划密植，对提高少核本地早的前期产量和充分利用土地资源十分重要。通过大面积的示范，计划密植园一般第4年开始结果，第6年平均每亩产量达2 500千克，第9年平均每亩产量近5 000千克，不足之处是对日常的生产操作管理和果园绿肥种植带来不便。

（三）栽植技术

栽植前适当剪短过长的主根和过多的枝叶。苗木放入定植穴后应校正与附近植株的位置高低。一般嫁接部位应高出土面5～10厘米。根系要向四周舒展，不能卷曲。然后将所掘表土逐渐填入，并用脚踩踏实，当填至一半时，可适当施入焦泥灰，再填土踏实。不带土的橘苗，要求根系与土壤间密接，不留空隙。带土的要使土团与穴之间紧实密接，然后浇施稀薄人粪尿2～3勺（以人粪尿加水2～3倍），再覆盖松土或盖草保湿。此外，风力较大的海涂和山地，还要立好防风杆，以防风吹摇动，影响成活。

1. 平原海涂地栽植

海涂地及地下水位较高的平地，筑墩定植。按株行距要求，将墩底挖深30厘米，填压基肥，每公顷施入有机肥或绿肥25～30吨，加客土筑墩，墩高80厘米，沉实后保持60厘米，墩基直径2米，上口直径1.2米，经风化后定植。定植方法与山脚缓坡地相同。少核本地早宜选用枸头橙或本地早做砧木，栽植株行距3米×4米，每亩种植56株。

2. 坡地栽植

在畦面中心挖直径1米、深0.8米的定植穴或定植沟，将腐熟的厩肥（每公顷30～40吨）与穴土拌匀，回填到穴深30～40厘米时，将苗木的根系和枝叶适度修剪后放入穴中央，舒展根系，扶正苗木，边填土边轻提苗，并用脚踏实，使根系与土壤密接，然后在根系分布范围内浇足定根水。栽植深度以根颈露出土面约5厘米为宜，且定植穴回填土要求高出畦面15厘米以上。

（四）栽植后管理

栽后半个月左右，如干旱少雨，应每隔3～5天浇一次稀薄肥水，以保持土壤湿润，同时根际覆草或覆地膜保湿。如遇大风天气，橘苗出现卷叶时，应及时疏去部分叶片，保证树体水分平衡，并立防风杆，防止摇动影响成活。发现死株，要及时补植。

1. 土壤管理

深翻扩穴，熟化土壤，山脚缓坡地深翻扩穴一般在秋梢停长后进行，从树冠外围滴水线处开始，逐年向外扩展40～50厘米，深翻40～60厘米。回填时混以绿肥、秸秆或已腐熟的人畜粪尿、堆肥、饼肥等，表土放在底层，心土放在上层，然后对穴内灌足水分。

2. 间作绿肥或生草

少核本地早园宜实行生草制。种植的间作物或草类应与少核本地早无共生性病虫害，且浅根矮秆的作物，如豆科植物或三叶草等为宜。春季绿肥在4月下旬至5月下旬深翻压绿，夏季绿肥在干旱时割绿覆盖。或者春季和梅雨季节生草，出梅后及时刈割翻埋于土壤中或覆盖于树盘上。

3. 覆盖与培土

高温或干旱季节，树盘内用秸秆等覆盖，厚度15～20厘米，覆盖物应与根颈保持10厘米左右的距离。培土宜在立冬前进行，可培入塘泥、田泥及其他肥土，厚度8～10厘米，忌客土盖住嫁接口。

4. 中耕

在夏、秋季和采果后进行，每年中耕1～2次，保持土壤疏松。中耕深度8～15厘米，坡地宜深，平地宜浅。雨季不宜中耕。

第六章　少核本地早的土肥水管理

一、土壤管理

土壤是柑橘树生长结果的基础，是肥水贮存和供应的仓库。土壤的好坏与土壤管理直接相关，影响土壤水、肥、气、热等条件的变化。因此，了解各类土壤的特性，采取相应的管理措施，创造有利于柑橘生长的土壤条件，是实施土壤管理的主要目的。

（一）土壤类型

台州种橘的土壤，因受地形、母质、气候等自然因素的影响，主要分为3个类型，其主要特性如下。

1. 山地红黄壤土

在台州的气候条件下，成土母质逐渐自行分解，以硅酸盐为主要成分的岩石，经分解后的金属物质变成简单的离子状态，由于受雨水淋溶而消失，铁、铝等元素则变成含水氧化物。各种土壤的颜色均因含水氧化铁的颜色而变化，呈现出红、棕、黄、紫、灰等土色。这类土壤黏粒含量很高，钾、钠、钙、镁等金属离子流失很多，因土壤胶体上吸附的氢离子较多，呈酸性或强酸性，土壤结构较差，养分贫乏。由于这一类型土壤分布在低丘或山坡的中下部，为目前山地种橘的主要土壤类型，这类土壤经合理耕作和改良后，土壤肥力能很快提高，适宜栽培少核本地早等柑橘。另外受侵蚀和冲刷严重的山地，还形成一些石砂土。这类土壤土层薄，砂石含量多，自然肥力极低。在做好水土保持的同时，通过培肥黏土，种植绿肥等措施，增加土壤有机质含量，提高土壤肥力，创造适合柑橘生长的土壤环境。

2. 椒江两岸钙质土和水稻土

自山边至河边、江边，地形虽有起伏，但总体较平坦。面积较大的河网地带，属于海积平原，已有5 000年到10 000年历史。沉积物厚度20～30米，下层的青紫泥即为海洋沉积物。按其培泥沙覆盖厚度不同，80厘米以下为青紫底，40～80厘米为青紫心，20～40厘米为青紫塥，20厘米以上部分为培泥沙土。上游成土母质以河流冲积物为主体，下游是浅海沉积物，中游则是两者交叉混合物。因此，近山边土壤多含石砾粗砂，上游土壤细砂土较多，中游以粉泥砂土为主，下游以黏土为主。这类土壤的海拔高度在 15 米以内，是粮食主产区。由于水利条件优越，土质疏松，土壤肥力高，适宜柑橘栽培，易获得优质高产。

3. 沿海潮土化盐土

本类型土壤靠近海岸，呈狭长带状，是在海洋的直接作用下而形成，海拔高度在 10 米以内，并由于地势较低，地下水位较高。其土壤母质是近海沉积物，含有较多的盐分。表土虽经长期耕作有所淡化，遇干旱，随着地面水分的蒸发，下层含盐的毛管水上升，使土壤返盐。这种土壤在再次脱盐过程中又被碱化，pH 值上升到 8 以上，含盐量在 0.2% 以上。土壤盐分以氯化物为主，其次是重碳酸盐，在阳离子中以钠离子为主。这些物质对柑橘类作物常会造成毒害，发生碱害或氯害，引发焦叶或缺素症状等现象。本土区土壤质地黏重，多为粉砂黏土或壤黏土，呈淡棕色。土壤湿时黏韧，干时坚硬，并带有严重的龟裂现象，易伤害橘根。整个土壤呈强石灰性反应，渗水性差，脱盐过程较缓慢。在栽培柑橘过程中，需重视水利建设，引淡灌溉，脱盐降碱，种植绿肥，增加有机质含量，同时多施酸性肥料降低土壤 pH 值。

（二）土壤管理

加强柑橘园的土壤管理，改善土壤结构，提高土壤肥力，创造有利于柑橘生长的土壤环境。

1. 深翻改土

柑橘树生长的好坏，经济寿命的长短与土层深浅有着密切的关系。一般土层深厚、土壤肥沃、各项理化性状良好，橘树根系生长就旺盛，树势强健，抗性较强。反之，土层浅薄，则根系分布浅，易受自然灾害的影响，树势较弱，结果性能差，经济寿命大大缩短。但对少核本地早等宽皮柑橘类来说，土层也不是越深越好，土层过深，反而会推迟进入投产的年限。一般土层在 70 ~ 80 厘米，就能满足生产的需要。

深翻改土必须根据立地条件而定。如栽橘前的山地表土层太薄，下面是岩块或岩板，则应采用爆破法拆岩，用加客土填厚土层，才能种橘。如表土层下面是黏土层或砾石层，地下水位虽低，但由于黏土层不透水，不通气，土壤缺氧，根系生长受阻；砾石层则能阻断部分或大部分毛细管水的通道，上层土壤太干燥，影响橘根生长。对这两种类型的土层，应破开黏土层或砾石层，填入疏松表土和有机肥料，改善土壤的通透性，加厚耕作层，然后再种橘。

如栽后发现橘树生长不良，表土层下面是黏土层或砾石层，需对橘树表土层下部进行穴状或环沟状局部深翻，轮流破墙，改良土壤。对有些老橘园，底层泥土长期未经松动，黏结成层，这种土壤具有不透水、不通气的特点，而且还留有大量橘根代谢过程中对柑橘类植物有害的分泌物，橘农称这种土壤为“伏尸地”，即埋伏着老橘树的尸体之意，是种不好柑橘的，对这类土壤更应重视深翻。一般深翻时间选择在橘树大量发根前进行，翻土深度要求达到50～60厘米，对每株橘树来说，可采用穴状或沟状局部深翻，轮流进行，使橘树底土和表土逐年轮换改良，改善橘园土壤的通气条件。另外，每年秋冬季对0～15厘米范围内的耕作层土壤也要进行一次翻耕，增加耕作层土壤的通透性，截断毛细管水向上的通道，有利土壤保湿和橘树的生长。同时深翻要与增施有机肥相结合，才能取得良好的改土效果。

2. 客土培土

橘园培土，是增厚土层、改良土壤、提高土壤肥力的一项有效措施。各地橘农有小雪前培客土的习惯，冬至前敲碎客土，再覆盖畦面，对橘树保温防冻具有较好的效果。利用客土培土，使各种土取长补短，有利改善土壤的物理性状，提高土壤的自然肥力。如江边和海边橘园受咸潮水和海水的影响较大，土壤pH值超过7.5，橘树表现缺素现象。此时，如利用内地水稻土培到江边橘园和海涂橘园，橘树缺素症可明显减轻。利用江边泥培到内地淡水橘园，由于增加了钙镁等微量元素，橘果品质也有明显提高。另外，黏土橘园培沙土、沙地橘园培黏土、山地橘园培上河塘泥等，都能获得较好的增产效果。

3. 适当间作

在橘园中种植一定数量的间作物，可提高土地和光能的利用率，增加经济收入，间作物遗留下来的根系残体，能增加土壤有机质含量，从而提高土壤肥力。在雨季，间作物能减轻水土流失，旱季则起覆盖降温作用。

选择间作物时，应选用浅根矮秆、耐阴性强、茎叶繁茂，对土壤有覆盖作用，并与橘树无共同病虫害的作物。台州橘农通常选用豆科植物或蔬菜类作为橘园间作物。栽植间作物时应注意不能靠橘树太近，特别是幼龄橘树，因单年生作物生长太快，距离太近，易覆盖住小橘树，影响主栽作物的生长，对大橘树，也应种到树冠滴水线外。

4. 计划生草和化学除草

少核本地早的清耕栽培，对防治杂草争肥有一定作用，仍为一些老果农沿用，但不利于园地的水土保持及提高土壤肥力和树体的抗逆性，尤其夏秋季受到台风等灾害性天气，抗旱、抗涝、抗风能力弱，易造成严重损失。实行计划生草和化学除草相结合的办法，对改进橘园土壤有很好的效果。

计划生草，即在春夏多雨季节实行免耕，让杂草自然生长；对橘树施肥部位以外的地面免耕，让杂草生长；利用杂草在橘园内生产有机物质，让各种杂草的根系在土壤中纵横交错。由于根的生长压力和吸收水分，使根系周围的土壤收缩，根毛和土壤紧密结合，且根系死亡后留下的腐殖质，能促进土壤团粒结构的形成。据测定，计划生草两年，15 厘米内的土壤团粒比清耕法增多 25.6%。杂草茎叶覆盖表土，可有效的防止土、肥流失。到秋冬干旱季节进行松土除草，把杂草茎叶埋入土中，并切断土壤毛细管，可减少地面水分蒸发，有利于柑橘生长。同时计划生草还能降低土壤 pH 值，主要是杂草根系分泌的有机酸，能中和土壤碱性。因此，海边、江边碱性橘园，凡是杂草丛生的橘园，橘树缺素症反应不明显。如实施生草覆盖栽培，多多利用空闲地种植苜蓿、紫云英等绿肥，盛花后进行深翻压，改良土壤，一般 6 ~9 月实行全园生草栽培，在生草栽培实施前后，对园地进行一次化学除草或人工除草。据调查，夏季树盘生草覆盖，可明显影响到涝害引发的落花、落果和裂果，冬季用地种植绿肥，有利于树体安全越冬，可明显减轻树体冻害引发的枯枝、落叶。

计划生草必须与化学除草相结合。在橘树生长发育的关键时期避免杂草对养分和水分的竞争，即在需要除草时，用化学药剂除去杂草，特别是顽固性杂草。化学除草的时间，应选择在梅雨季节快过、春草和夏草迅速生长时期，或在杂草将要进入开花和结籽时进行。

常用的化学除草剂如下。

（1）草甘膦：又名镇草宁或膦甘酸，具有内吸传导性强、杀草谱广、除草活性高等特点。每亩施 10% 草甘膦 0.5 ~0.75 千克，加水 50 ~75 千克，用喷雾器喷洒杂草叶面，对一年生单子叶和双子叶植物防除率达 90%，持效期 5 ~6 周。草甘膦低毒、低残留，对人畜无害，适宜各地使用。

（2）二甲四氯：能防除多种一年生杂草及喜旱莲子草，杀草范围广、除草效率高、残效期长。春季每亩用量 20% 的钠盐 0.85 千克时，其除草率保持在 60% 左右，当用药量增至 1.8 千克时，除草率增至 74%，用药量增至 2.5 千克时，除草率达 90% 以上。夏季用药量可略低。本剂叶面喷洒和土壤处理均有效。

5. 地面覆盖

覆盖是橘园水土保持的有效方法，利用稻草、麦秆等为覆盖物，除有效防止土、肥流失，增加土壤有机质含量外，还能提高地温，促进树体春梢生长。另外采用地膜覆盖，雨季能够防止过多的水分透入土层，旱季阻止地面水分蒸发，对橘树增产也有重要作用。据试验，经地膜覆盖的橘园，土壤三相比较合理，土、水、气之比接近 2∶1∶1，对照橘园土壤空气含量只有覆盖区的 1/2。

地面覆盖稻麦秆或薄膜，还能增加橘树内膛反射光的强度，使树冠内部抽梢量增加，结果量也相应增多。春季覆盖时间以 3 月下旬至 4 月上旬为宜。

柑橘园宜实行生草法。间作物或草类应与柑橘无共生性病虫害、浅根、矮秆，以豆科植物和禾本科牧草为宜。春季绿肥在 4 月下旬至 5 月下旬深翻压绿，夏季绿肥在干旱时割绿覆盖，或春季与梅雨季节生草，出梅后及时刈割翻埋于土壤中或覆盖于树盘。

高温或干旱季节，树盘内用秸秆等覆盖，厚度 15 ~ 20 厘米，覆盖物应与根颈保持 10 厘米左右的距离。

培土在冬季进行，可培河塘泥、沟泥等，厚度 8 ~ 10 厘米。

深翻扩穴一般在秋梢停长后进行，从树冠外围滴水线处开始，逐年向外扩展 40 ~ 50 厘米，深翻 40 ~ 60 厘米（山地改土位置在梯面内侧及株间）。回填时混以绿肥、秸秆或已腐熟的人畜粪尿、堆肥、饼肥等，表土放在底层，心土放在上层，然后对穴内灌足水分。

二、合理施肥

（一）少核本地早所需的营养元素及其生理功能

少核本地早年抽梢 3 次以上，挂果期长达 200 多天，所需的各种营养元素比较多。在少核本地早的生长发育过程中，主要有 30 多种营养元素，其中氮、磷、钾、钙、镁、硫等 6 种元素，其含量按干重比例，为叶片干重的 0.2% ~ 4%，如硼、锌、锰、铁、钼等多种微量元素，其含量为叶片干重的 0.12 ~ 100 毫克/千克。少核本地早的生长，需要大量元素和微量元素，不过数量不同而已，但缺一不可，尤其生理代谢功能上，相互不可代替。如果某一元素过多或过少，就会引起营养失调。各种营养元素在少核本地早树体内是相互影响和相互制约的，某种元素的增与减，往往会引发一种或多种元素的需求变化，有的甚至发生拮抗作用。人为调节树体内的各种营养元素的平衡，使树体健壮生长，是少核本地早达到优质丰产栽培所必需的。

1. 氮

氮是少核本地早生理代谢十分重要的组成部分，从幼苗生长直至开花结果，都需要氮素营养，少核本地早全年都吸收氮，且吸收利用迅速。少核本地早对氮的反应比对磷、钾和其他元素更敏感。氮是组成蛋白质的主要成分，是少核本地早植株细胞有生命活动的原生质最重要的组成部分，同时又是叶绿素蛋白质的组成部分，是影响少核本地早生长和结果最重要的元素。氮不足，将影响叶绿素的生长，使叶片叶色变淡，光合作用受抑制，导致叶片黄化，枝叶生长量少，新梢细弱，果小，产量下降，树势衰退，易形成“小老树”。氮素适量，则生长旺盛，树势健壮，叶色浓绿。少核本地早花蕾期，需要大量氮素向花蕾转移，及时补氮对开花坐果和保花保果有重要作用，同时可促进果实生长，提高果实可溶性固形物和有机酸的含量，使果实风味变浓，果汁多。氮素过多，会促使枝梢徒长，抑制根细胞发生，使根系生长不良，降低树体抗寒、抗旱能力。少核本地早氮肥过多，会出现粗皮大果，味淡、质差、果皮增厚，裂果重，成熟推迟，影响贮藏和运输，因此少核本地早除在幼龄树由于营养生长的需要适当多施氮肥外，进入结果期就要控制氮肥的用量，避免因施氮过多而影响果实品质。

2. 磷

是核酸、磷酸、酶的主要成分，也是代谢过程中能量的转换物质，磷参与少核本地早树体内许多重要的代谢活动，与蛋白质、糖类、脂肪可合成一系列的复杂化合物，因此磷在少核本地早的花芽分化、根系生长、光合作用中及果实成熟和呼吸作用等方面起到重要的作用。磷能促进花芽分化，使开花结果提早，果实和种子提早成熟，果皮光滑而薄，果酸少、味甜。

磷不足，枝、叶、根生长不良，特别是新梢和新根生长不良，叶片狭小而无光泽，由暗绿色逐渐变为淡褐绿色，引起早期落叶。果实果皮变厚且粗糙，果肉不充实，果汁减少，酸度高，可溶性固形物含量下降，品质变劣。同时磷过多影响铁、锌、铜的吸收，使果实较小，糖、酸和维生素 C 含量下降。

3. 钾

少核本地早对钾的需求仅次于氮，尤其在幼嫩器官中的含量较高，对细胞分裂和伸长有重要促进作用。同时与光合作用的进行碳水化合物的合成、转化和运输有密切关系。钾是保证有机体正常进行新陈代谢所必需的，适量的钾能促进营养生长和同化作用，使组织充实健壮，果实明显增大，可溶性固形物、维生素 C 含量提高，风味浓，耐贮性增加，抗寒、抗病虫的能力也增强。

缺钾使蛋白质合成受阻，游离氨基酸增加，叶片卷曲并呈古铜色，叶脉黄白或局部变黄；花期落叶严重，枯枝多，枝条丛生，新梢生长衰弱；果小早黄，品质差且不耐贮藏，降低抗旱、抗寒能力。钾素过多，会导致树体组织硬化，抑制枝条生长，叶变小，树体矮小，果皮厚而粗，果汁少，着色迟。

4. 钙

钙是少核本地早细胞壁重要组成部分，在氮代谢中发挥重要作用。它是细胞果胶类物质的主要组成部分，使细胞凝聚不散。钙是根尖发挥正常功能所必需的。钙在少核本地早树体内分布很广，但在树体内较难移动，故老叶含钙量最高。适量的钙可调节土壤酸碱度，有利于土壤微生物的活动和有机质的分解，供根系吸收的养分增多，尤其增加氮和钾的吸收，促进果实发育，果形大，着色好，风味甜，并能提高少核本地早的耐贮性。

缺钙时，细胞分裂受到抑制，尤其是根尖生长点受害，对土壤缺氧特别敏感，造成烂根；新梢生长点死亡，枝条从顶端开始枯死，新梢先端呈丛状，树势衰弱，叶片顶端黄化，新叶小、脱落早，开花多，落果严重。果实变小，畸形，汁胞皱缩，着色不良，成熟延迟。

5. 镁

镁是叶绿素中唯一的无机成分，是叶绿素的组成核心。在少核本地早叶片、分生组织和未成熟的果实中含有大量的镁，镁也是某些酶的激活物质，在植物体内对磷的运输起着关键作用。镁还参与磷酸三腺苷、卵磷脂、核蛋白等含磷化合物的合成。镁在土壤中易流失，特别在轻沙土和 pH 值为 4.5～5 的酸性土中，镁的淋溶损失大，易出现缺镁症。在叶片上主要表现在沿中脉两侧退绿，并出现黄斑，扩大成片，形成倒“V”形黄化，这是典型的缺镁症状，尤其在老叶和果实附近的叶片表现最为明显，主要由于成熟器官组织内的镁被转移到幼嫩器官中引起的。严重缺镁树势衰弱，光合作用减弱，易引起落叶枯枝，果实变小，产量和品质下降，不耐贮藏，易形成隔年结果现象。

6. 硫

硫是胱氨酸、半胱氨酸和蛋氨酸等多种氨基酸组成部分，是蛋白质合成不可缺少的元素。硫能促进叶绿素的形成，在植株的形成层及其他分生组织中，有大量硫氢化合物，它对少核本地早植株的生长以及细胞内的氧化还原过程有重要作用。缺硫引起缺绿和蛋白质合成受阻，使游离氨基酸大量积累，树势生长衰弱，枝梢丛生，新叶表现淡黄至黄色。

7. 铁

铁是叶绿体蛋白质合成的必需元素，是构成细胞素、接触酶、过氧化物酶等许多含铁酶的重要元素，与体内的氧化还原有着密切关系，对叶绿素的形成有促进作用。铁在树体内的流动性小，不能被再利用。缺铁影响叶绿素的形成，叶肉淡黄至黄色，形成极细小的网状花纹，严重时枝梢生长衰弱，叶肉叶脉呈黄色，直至全叶白化而脱落。果皮淡黄色，味淡而不可食。缺铁在沿海海涂果园中存在较普遍。

8. 硼

硼对分生组织生殖器官的生长发育、促进碳水化合物的运转有着密切关系，尤其对促进花粉的发育和花粉管的伸长，以及子房的发育膨大有促进作用，有利受精结实，在幼果期能抑制果柄离层纤维酶的活性，防止离层形成，减少落果。硼能改善根部氧气的供应，促进根系生长，硼还能提高果实维生素和糖的含量，有利提高品质。在 pH 值小于 5 或大于 7.5 的土壤，尤其沙壤土遇到干旱时，根系吸硼困难，容易出现缺硼症状。

缺硼引起植株叶片卷曲，新叶出现黄色水浸斑点，老叶叶脉肿大，叶片从叶背基部主脉开始，逐渐发展至全叶，叶脉呈古铜色破裂而木栓化。落花落果严重，果小而畸形，果皮厚而硬，表面粗糙而结瘤，果皮白色层及果心有流胶现象。硼过多，果汁中酸与维生素 C 含量减少，且易诱发缺钙，使枝梢和根的生长点死亡。

9. 锌

锌是碳酸酐酶的组成成分，影响氮素的代谢作用。叶绿素中有碳酸酐酶，因此锌与氧化还原过程、光合作用、呼吸作用等有关，同时还是几种酶的活化剂，影响树体内某些生长素的形成。缺锌会使枝梢生长受阻，节间变短，叶窄而小，直立丛生，叶肉褪绿，形成黄绿相间的花叶，严重时整个叶片呈淡黄色，甚至白化，然后逐渐脱落。树冠呈丛生状，果小汁少，果实中酸与维生素 C 含量下降。锌过多易诱发缺铁，使根变粗而短，生长停止。

10. 锰

是树体内多种酶的成分和活化剂。叶绿素的形成、碳水化合物的合成与代谢都有赖于锰。锰能提高叶片的呼吸强度，促进碳素的同化作用，离不开锰。缺锰时，叶绿素合成受阻，发生花叶，最初叶脉间发生淡黄色斑纹，只有部分留下绿色；严重时则变为褐色，引起落叶，果皮色淡发黄，果实变软。

11. 铜

铜是叶绿素的形成和植物体内许多酶的组成部分，增强叶绿素和其他植物色素的稳定性，阻止叶绿素的破坏。铜还参与酶蛋白质的形成和植物体内氧化还原反应，且与氮代谢作用有一定关系。缺铜，有时叶片变畸形，比正常叶大，叶色暗绿，叶脉绿色，叶肉呈淡绿色的网状花纹，幼果淡绿色，易裂果而脱落，皮厚而果小味淡。铜过多会影响铁的吸收。

12. 钼

钼是硝酸还原酶的组成部分，与氮素代谢有关。在合成蛋白质时，在硝酸还原酶参与下，将硝酸盐转变为铵。钼还会影响少核本地早树体内抗坏血酸含量，且与磷代谢有关。缺钼引起树体内硝酸盐积累，使构成蛋白质的氨基酸形成受阻，缺钼时叶片出现长圆形黄斑，即“黄斑病”，叶尖及叶缘两边枯焦，嫩叶内卷。

总之，植物必需的大量元素和微量元素，在少核本地早树体的生理活动中都有其重要的作用，各元素之间具有一种平衡关系，必须根据树体生长发育需要在施肥时加以补充，否则会引起树体生长的不平衡。少核本地早对各元素需要量有一定的适应范围。在一定范围内，施肥量越大，果实生长发育就越好。但超过或少于这个范围，都会破坏各元素间的平衡关系，对少核本地早和生长结果都不利。如施肥量过大，不但浪费肥料，提高生产成本，而且大量元素过多，也影响微量元素的吸收。施肥量过少，不能满足少核本地早生长发育的需要，致使树体生长不良，影响花芽形成和次年产量。

（二）肥料种类

少核本地早的施肥，必须合理搭配，做到 3 个配合，即氮、磷、钾三要素和多种微量元素配合，有机肥料和无机肥料配合，速效肥料和迟效肥料配合。目前在少核本地早柑橘上施用的肥料有以下几类。

1. 有机肥料

凡是来自动物或植物尸体的都属有机肥料，可作为柑橘的肥料。具有来源广、成本低、肥效长、元素齐全等优点。大量施用有机肥料，能改善土壤结构，提高土壤保水保肥和供水、供肥的能力，减少缺素症的发生。在柑橘上常用的有机肥料有：人粪尿、猪粪、牛粪、禽粪、绿肥、饼肥、厩肥、堆肥、垃圾、杂草、稻草、麦秆及骨粉等。应用有机肥时，必须经过充分腐熟，并要防止养分的流失。腐熟的方法通常有堆制和沤制两种，堆制时表面要加封泥土，沤制时粪池要加盖。对经过充分腐熟，并稀释使用的有机肥，同时可避免伤根，使用比较安全。

2. 无机肥料（化学肥料）

常用的化学肥料有尿素、硫酸铵、碳酸氢铵、过磷酸钙、硫酸钾、氯化钾、石灰、石膏和磷矿粉等。化学肥料的特点是养分含量高，树体容易吸收等，但养分单一，肥料容易流失，肥效不长，施用浓度过高易发生烧根等，最好对水稀释使用。

（1）尿素：属中性肥料，含氮量 46%，每千克尿素相当于 100 千克人粪或 10 千克菜籽饼的含氮量，比 2 千克硫酸铵的含氮量还高。在旱地施用只有 20% 左右被土壤吸附利用，其余部分被分解或被雨水和地下水带走。在土壤中，夏季 2～3 天，冬季 10 天左右，尿素就被分解。在碱性土壤中施用，流失量在 50% 以上。

（2）硫酸铵：属酸性肥料，含氮量 20%～21%，在土壤中以离子状态被土壤胶体所吸附，流失较少。在酸性土壤中施用，会使土壤酸度更高；在碱性土壤中施用，则能中和碱性，有利改良土壤。

（3）碳酸氢铵：含重碳酸根，属碱性肥料，含氮量在 15%～17%，适宜在酸性土壤上施用。如在碱性土壤上施用，肥效极差。

（4）氯化铵、氯化钾：氯化铵属酸性肥料，含氮量约 28%，由于富含氯离子，易产生氯害，在柑橘上使用量略多，就出现霉根、焦叶现象。氯化钾与氯化铵不同之处是不含氮而含钾，都不宜在盐碱土中施用，在盐碱土中使用，更易发生氯害。

（5）过磷酸钙：是一种酸性肥料，含磷量 14%～20%，施用于酸性土壤，磷酸根极易被铁、铝离子所固定；在碱性土壤中也易于氧化铁结合固定。因此，应与各种有机肥料混拌后施用，以减少过磷酸钙微粒与土粒的接触面而提高肥效。

（6）硫酸钾：是酸性肥料，含钾50%，在土壤中不易移动。在酸性土壤中施用，会增加铁铝离子浓度而有害柑橘生产，但与有机肥及石灰配合施用，可防毒害。

此外，还有石灰、石膏、磷矿粉等，均为碱性钙肥，适用于改良酸性土壤。

3. 混合肥料

是根据各种作物生长发育的需要，利用饼肥、骨粉和氮、磷、钾等化学肥料及各种微量元素，按一定的配比加工而成。近年来，在营养诊断基础上，针对不同土壤类型和不同作物品种，配制了不同类型的专用复合肥。如柑橘专用有机复混肥，由于具有很强的针对性和科学性，很受广大果农欢迎。

4. 复合肥

复合肥具有养分含量高、副成分少，且物理性状好等优点，对于平衡施肥，提高肥料利用率，促进作物的高产稳产有着十分重要的作用。但它也有一些缺点，如它的养分比例总是固定的，而不同土壤、不同作物所需的营养元素种类、数量和比例是不一样的。因此，使用前最好进行测土，了解田间土壤的质地和营养状况，另外还要注意和单元肥料配合施用，才能取得更好效果。以尿素、磷铵、硫酸钾（氯化钾）为主要原料，氮、磷、钾有效养分含量≥45%，可作基肥、追肥施用，施用量应视土壤肥力、作物种类等因素确定。

（三）施肥时期及数量

应按需肥特点决定施肥时期。施肥数量则按橘树大小和挂果量多少而酌情增减。

1. 幼龄树

薄肥勤施，以氮肥为主，配合施用磷、钾肥。主要促进营养生产，迅速扩大树冠。在栽植当年，成活后就施用，一般每年3月至8月中旬，每月施1～2次，用稀薄氮肥或复合肥与粪水混合浇施，或用棉籽饼、菜饼沤制成10%～15%肥液，每100千克肥液+尿素1千克浇施，8月下旬至10月上旬停止施肥。可结合病虫防治，在每次梢转绿前进行根外追肥，补充树体营养。基肥在11月上中旬施，以腐熟有机肥（猪牛栏肥或饼肥）为主。冬、夏季园地套种绿肥或豆科作物，深翻压绿，改良土壤。一般1～3年生幼树单株年施纯氮100～300克，氮：磷：钾以1：0.3：0.5比例为宜，施肥量逐年增加。

2. 成年树的施肥

进入结果期后，虽然还可以分成初结果树和结果树，但总的说来都可以划入成年结果树。对结果树的施肥不仅要促进营养生长，而且要有利生殖生长，施肥次数要减少，每次施肥量要增加。以每产果1 000千克施纯氮8~11千克，氮：磷：钾以1：（0.6~0.9）：（0.8~1.1）为宜。年施肥3~4次，肥料种类以腐熟猪牛栏肥或饼肥为主，配施进口三元复合肥，混加磷肥或钾肥，一般年株施腐熟猪牛栏肥50~60千克或腐熟饼肥3~5千克，尿素0.5~1千克，复合肥1.5~2千克，磷肥或钾肥1~2千克。一般少核本地早一年施肥4~5次，即芽前肥、幼果肥、壮果逼梢肥、壮果发水肥和采果肥。近几年根据少核本地早的生长特点，改分散施肥为集中施肥，年施肥次数减至2~3次，即11月底至12月上旬施采后肥，3月上中旬施芽前肥，7月下旬定果后施壮果逼梢肥（对生长旺盛的强势树，可以不施）。高品质少核本地早的结果树施肥要求控氮增磷钾、有机和无机肥相结合，树势要求中庸。

（1）芽前肥：芽前肥，以氮肥为主，配施磷肥，施肥量占全年的15%~25%；可选用三元复合肥、过磷酸钙、腐熟饼肥或猪牛栏肥等。

（2）壮果逼梢肥：壮果逼梢肥在“大暑”后施，以氮肥、钾肥为主，配合施用磷肥，施肥量占全年的30%~40%，可选用三元进口复合肥、硫酸钾等。

（3）采后肥：在采果后即施或在采果前一星期内施。过早施肥有损橘果品质，过迟施肥则不利橘根吸收和树势的恢复。施用量占全年的40%~50%，采果肥在采果前后施下，以腐熟有机肥为主，配施氮、磷、钾复合肥。可选用三元复合肥、尿素、饼肥、栏肥等。

（四）施肥方法

在施肥方法上，大部分老桔农延用传统的“剥皮施”，或沟施、穴施和浇施。但随着树冠的不断扩大，操作管理的不便及劳动力价格的昂贵，目前改用地面撒施法，即在下雨前后，橘园土壤湿润时，选择易溶解的进口或国产优质硫酸钾“三元”复合肥进行地面撒施；如遇高温干旱天气时，可改用移动小水泵配套塑料软管进行冲水浇施。

1. 土壤施肥

为减少施肥时肥料的流失，充分发挥肥效，减轻对根的伤害，施肥时必须注意如下6点。

（1）化肥必须先溶解稀释，对土壤碱性的江边、海边橘园，如地沟水呈碱性，应选用淡水来溶解和稀释肥料。尤其根外追肥，不能用咸水，否则会造成落叶。

（2）有机肥要先腐熟，后施用；或拌土使用，防止烧根。

（3）施肥时耙土深浅要适度：根系较深的橘树，耙土可深些，根系浅的橘树耙土则要浅些。同时肥料与根系不能太靠近，否则易伤根。肥料也不能施太浅，否则易流失。

（4）施肥位置：每次施肥位置应适当变动或轮换。如春肥或冬肥施肥较多的一次，可采用墩面耙土或畦面耙土，即全畦或全墩施肥。以后各次施肥可采用沟状、穴状等形式，每次施肥部位都有所变动，使橘根分布范围内的土壤，分别在各次施肥中得到改良利用。

（5）适地适施：砂性土保肥、保水能力较差，但肥效发挥却较快，因此，要增加施肥次数，每次施肥可酌情减少。黏性土保肥、保水能力强，肥效发挥较慢，因此，施肥次数可减少，每次施肥量要酌情增加。对碱性土壤要选用酸性肥料，对酸性土壤则选用碱性肥料。为了改良土壤需要，都要增加有机肥料的用量。

（6）土面撒施的肥料以造粒缓释肥为主，可在下小雨前后撒施。速溶性化肥应浅沟（穴）施，有微喷和滴灌设施的少核本地早园，可进行液体施肥。

2. 叶面追肥（根外追肥）

利用叶片具有一定吸肥能力的特性，喷布橘树所急需或缺乏的各种营养元素，且叶面追肥比土壤施肥见效快。如花期和幼果期，对多花橘树多次喷布0.3%尿素水，能迅速给树冠所需的氮素营养；对少花橘树喷0.2%～0.3%的磷酸二氢钾，则能提高着果率。对依靠橘树根系吸肥，在树体内部输送不到的部分枝叶，用根外追肥的形式却能补给到一定数量的养分。但在果实采收前20天内应停止叶面追肥。

采果后，除地面施肥外，叶面多次喷布尿素和磷酸二氢钾，能迅速恢复树势，增加花芽数量，从而提高次年产量。

在柑橘树生长结果的不同时期，根据树势强弱和需肥特点，尤其在灾害性天气发生期间，可结合病虫害防治，喷施0.2%～0.3%磷酸二氢钾或绿美UA－102液肥（高美施）600倍液或植宝素2 000～3 000倍液，及时补充树体营养，增强树势。

三、水分管理

（一）雨水分布与柑橘生长的关系

根据气象资料记载，台州年平均雨量为1 500多毫米，从全年降水量来看，基本能满足柑橘生长发育的需要。但因季风活动和大气环流异常等因素的影响，柑橘生长结果期雨量分布不均衡，会影响柑橘正常的生长发育。一般从10月到翌年2月是少雨干燥季节，5个月的降雨量300毫米左右，占全年降雨量的20%；3~4月为春雨期，常年雨量245~285毫米，占全年降雨量的13%~18%；5~6月是梅雨期，常年雨量350~490毫米，占全年降雨量的23%~27%；7~8月处于太平洋副热带高压控制，相对晴日少雨，并伴有台风；入秋后，又有秋雨来临，这4个月的雨量变幅较大，由于雨量分布不均匀，常给柑橘生产带来涝灾或旱灾。如5~6月是柑橘开花期和生理落果期，由于雨量过多，光照不足，不但土肥流失量大，地下水位上升，土壤含水量过多，影响了根系生长，同时还会引发橘树“座浆”现象；多雨天气给柑橘的开花和授粉受精也带来影响，容易引起严重的落花落果，对当年柑橘产量影响很大。秋季干旱给柑橘果实的膨大造成影响，对当年柑橘的产量和品质带来影响。冬旱的危害性更大，会加剧冻害，危及橘树的生命。因此，搞好橘园规划，建设一套能排、能灌又能蓄的水利系统设施，才能使柑橘实现旱涝保收。江边和海涂橘园，由于受到潮水的入侵，以及地下水夹带盐分造成土壤返盐现象，这些都需要合理地配置水利设施，才能趋利避害，克服旱涝等自然灾害。

（二）橘园的水分控制

柑橘对土壤三相比的要求是：固、液、气三态容积的比例以（40%~57%）：（20%~45%）：（10%~37%）为适宜，相当于5：3：2的水平。当土壤水分过多时，就会造成通气不良，土壤氧化还原势下降，二氧化碳浓度增加，有毒物质积累，会使根系腐烂，出现黄叶、落叶和落果。

橘树的需水量与柑橘品种品系、砧木等因素有关，也与空气的相对湿度、温度、风速、日照、土壤肥力等外界因子有关。枸头橙砧需水量比枳砧高；嫁接树的需水量比实生树高；冠根率（r/R）高温与橘树需水量成正比；风速与需水量成正比。橘树吸水和蒸腾之间不能保持平衡时，叶片会发生萎蔫，尤以嫩梢最为明显。

（三）橘园的灌、排、蓄设施

为了满足柑橘对水分的需要，除注意水土保持和做好覆盖、松土等保湿措施外，还要有配套的蓄、灌、排设施，才能实现旱涝保收。

1. 蓄水

山地橘园主要依靠建造小水库、小山塘及小蓄水池等进行蓄水。视山地形状，利用山凹和山坑能修筑小水库的，以建造小水库为好。如不适合建造水库的，可建造小山塘。在橘园面积较小的地方，建造小山塘的条件也不具备的，则可就地挖建小蓄水池。对面积较大的橘园，一定要配套建设小水库、小山塘和小蓄水池。

平原柑橘主要依靠大、中型水库和河塘水网供水。在大片橘园中开凿一二条河道，与河道相连。在各小片橘园中增设若干蓄水塘。这些河道平时可作排水渠道，旱季则为灌溉服务，蓄水塘可兼具蓄水和旱季灌水的功能。在大区范围内要有大的水利设施，在小区范围内也要有相应的小型水利设施，使之大小配套，提高抗灾能力。一般的蓄水面积应相当于柑橘面积的1/50。水利设施最好在新建橘园前就规划好。对已建成的橘园，如无河塘水面，也要酌情增设河塘。

2. 沟渠系统

在目前的生产条件下，主要是利用沟渠进行排灌。平原橘区的沟渠系统，每块橘园中应隔行开深沟，一般沟深60~70厘米、宽30~40厘米。每块橘园周围开围沟，要求沟深70~80厘米，宽40~50厘米，且各园块间要有支沟或总沟相连，沟深90~100厘米，宽50~70厘米，总沟与河塘相连，河塘水位以涵闸控制。雨季需要排水时，开放涵闸，使河塘水位降低到总沟深度以下；平时保持河塘水位略高于总沟沟底；旱季需要灌水时，利用河塘蓄水，挑水到总沟、支沟、围沟，各块橘园则向总沟、支沟抽水到园沟，使每株橘树都能吸取水分。海涂橘园，为了洗盐需要，应每行开深沟，排除积水，降低地下水位。旱季有利灌溉淡水，实施边灌边排，降低洗盐，有利柑橘生长。

3. 滴灌设施

为了推广节水灌溉，促进柑橘增产丰收，橘园配置滴灌设施，对确保抗旱效果、沟灌效果、提高作业效率、降低柑橘生产成本具有十分重要的意义。柑橘滴灌是通过各种管道、滴头、喷头和它的灌溉系统水源、水塔相连接，将水源源不断地送往灌溉园地。

（1）水源：水库、山塘、河塘等均可。

（2）水塔（水池）：水塔体积视需要决定大小，水塔高度20~25米。在水源处安装高压泵，把水抽到水塔中贮存备用。

（3）管道系统：滴灌管道的主、支管分别用50毫米和25毫米内径的聚氯乙烯塑料硬管，毛管用内径10毫米的聚乙烯黑色软管。主管与水池相通，支管接在主管上，通过塑料旁通和三通连接毛管；毛管呈环状排列或双行直线排列。根据橘树大小，每株橘树安装4~8个滴头（滴箭），排列在树冠垂直投影的外缘。主、支管埋入地下60厘米左右，毛管铺在橘园地表。滴头每小时流量约为1.5升，每天早晚各开放一次，每次4小时，可使0~50厘米的土层田间持水量保持在70%左右，充分满足橘树生长的需要。

4. 灌溉时期

少核本地早树在春梢萌发期、开花期、果实膨大期及采果后对水分较为敏感，这些时期如发生干旱要及时灌溉。另外寒潮来临前及时灌溉，对减轻冻害也有重要作用。

5. 排水

梅雨季节、台风季节或果园积水时，要及时疏通沟渠，排除积水。在少核本地早果实采收前一个月内要控制水分供应，如遇到多雨天气，可通过地膜覆盖或树冠薄膜覆盖，控制土壤水分，提高果实品质。

第七章　少核本地早的整形修剪

为获得少核本地早的丰产稳产，除做好土、肥、水的管理和防好病虫害外，需要培育合理树冠结构，如整形修剪等。修剪是人为控制树冠和调节橘树生长结果的主要手段，对实施少核本地早的优质高效丰产栽培具有重要作用。

一、修剪时期

根据少核本地早的生长特性，可分春季和夏秋季两个时期进行。以春季为主，夏秋季为辅。另外可根据橘树不同生长时期，进行抹芽摘心、剪除徒长枝、病虫枝等，疏删生长枝和结果枝。

1. 春季修剪

少核本地早修剪的主要时期，一般在2～3月的春梢萌芽前进行，以3月最为适宜，因春芽未萌发，剪去部分枝叶，树体养分损失较少；剪后可促发春梢，补充新的枝叶，对根系影响也少。如实行大树更新修剪，可适当提早，促发隐芽或不定芽的萌发，有利培养健壮新梢。同时修剪早迟也影响春梢生长，在萌芽后修剪，缓和春梢生长；在发梢后修剪，有削弱春梢生长势、减少梢量的作用。

2. 夏秋季修剪

为了培养次年良好的结果母枝，在7～8月进行一次夏秋季修剪也很重要。少核本地早的修剪，一般在7月下旬，不宜过早过迟。如过早修剪因坐果未定会促发抽梢，引发落果。过迟修剪，易促发晚秋梢，因枝梢不够老熟，冬季易受冻害。夏秋季修剪是辅助修剪，修剪量也较少，主要是疏删过密的细弱春梢和小部分落花落果枝；剪除较重病虫枝和枯枝；短截过长的夏梢，以利枝条老熟和促发分枝。

二、主要树形

少核本地早的树形目前有自然圆头形、开心式自然圆头形和谷堆形3种，主要优缺点如下。

1. **自然圆头形**

是少核本地早的主要树形之一，有3个以上大小和强弱相近的主枝构成树冠骨架，树冠外围枝梢丛生，树冠圆形，称之为自然圆头形。主要优点是树体呈自然生长状态，幼树时无需人工整形。其缺点是主枝过多，副主枝和侧枝更密，树冠内部郁闭，结果层较薄，产量不高，树势易衰退，隔年结果明显。在"锯下盘，剪肚里"的传统修剪方法下，橘树往往长得很高，株间、行间的橘树互相交叉后，使成片橘树连成一个平面，绿叶层薄，产量不高，变成了低产园。

2. **开心式自然圆头形**

一般干高30厘米左右，主枝3~4个，在主干上错落有致地分布。主枝分枝角度30°~50°，各主枝上配置副主枝2~3个，一般在第三主枝形成后，即将类中央干剪除或扭向一边作结果枝组。树高一般控制在2.5~3米。三个主枝向3个不同方向延伸，其上配置副主枝和侧枝。由于骨干枝数量较少，树冠外围枝梢错落有致，阳光能透入树冠内膛，使内膛枝发育充实，也能结果，因此，绿叶层和结果层都较厚，隔年结果较不明显。该树形外观呈圆形，但主枝数较少，结果性能较好。

3. **谷堆形**

在自然开心形三主枝骨架的基础上，采用回缩修剪的办法，使得树冠变成上尖下大，外形凹凸、内膛充实的谷堆形。这种树形株间没有交叉，树冠外围开张，采光量大，绿叶层厚，立体结果，产量高而稳定。

三、整形修剪

少核本地早一般任其自然生长，会形成圆头形树冠。由于顶端优势明显，易造成主枝不开张、直立性枝条生长旺盛、内膛空虚、结果性差。老橘农沿用传统的精细修剪法，费工繁锁，效果不一。近几年采用省力化大枝修剪法，以剪大枝为主，重点锯除直立性大枝，给树冠"开天窗"，剪去外围密集枝组，使树冠内外通风透光，达到"上压下发"，促春梢和秋梢健壮生长，控夏稍和晚秋梢发生，逐步形成内外通透、矮化紧凑、能立体结果的自然开心形丰产树冠。

（一）幼树整形

一般在春梢抽发前进行，宜轻剪，按整形要求选定骨干枝，剪去内部或下部的荫蔽密集枝或交叉重叠枝，短截或疏删下垂枝；对上部的密集枝，应去弱留强。为了使橘树形成良好的树冠骨架和理想的树形，幼树整形宜按以下要求，分年实施。

种植当年，由于新根根系长势不旺，先对苗木进行定干，对未定干的树，一般留 30 厘米左右短截。在日常管理中，要注意扶正树苗，抹去砧木上的萌蘖，对主干上的壮芽要尽量保留，以促发新梢，辅养新根。对过长的夏秋梢要摘心，对春梢上长夏梢或秋梢、夏梢上长秋梢的二次梢，或强壮的一次梢均可作为主枝，培养成树冠骨干枝，一般保留 3 个以上。各主枝要向不同方向均匀错开，使主枝和主干向上垂直的枝形成 40°左右的夹角，以保持强壮树势。

第二年的橘树，在春季发芽前，剪除部分下垂枝；主枝一般留 25 ~ 30 厘米短截，促使主枝抽发延长枝和副主枝；同时要摘除花蕾和疏花漏下来的幼果，不能结果；夏季进行重复抹芽和多次摘心，控制梢的数量和长度，以防止主枝和延长枝下垂，均匀留养 3 ~ 4 个副主枝，同时保留部分侧枝和辅养枝。

第三年继续培养主枝延长枝，过长短截，并在每个主枝上培养 2 ~ 3 个副主枝，在各个副主枝上培养侧枝群。这样就为形成丰产树冠打好基础，以后按照谷堆形树冠要求整形。

幼树整形是一项长期日常管理工作，应综合运用疏删、抹芽、摘心、拉枝等修剪措施，人为的调节枝条方向和变弯角度，以造就理想的树形。新梢通过摘心，可促进老熟，有利下一次的新梢萌发。利用多次摘心的办法，可在同一个年生长周期可增加橘树的分枝级数，加速树冠形成，促进橘树早结和丰产。

（二）初结果树的修剪

初结果树的修剪具有双重性，既要有利于扩大树冠，又要有利于早期丰产，修剪宜轻不宜重，主要是选择好各级骨干枝的延长枝，抹除顶部夏梢，促发健壮秋梢，对过长的营养枝留 8 ~ 10 片叶摘心，回缩或短截结果枝组；对抽发较多的夏、秋梢，进行疏删或短截处理。剪除所有晚秋梢。

修剪方法：按照谷堆形或开心式自然圆头形树冠整形的要求，对各类枝梢进行疏删处理。

（1）对交叉枝、细弱枝、密生枝适量删除。

（2）对过长的枝梢从 15 ~ 20 厘米处短截，对直立枝剪除 1/3，促使分枝。

（3）晚秋梢、衰退枝和被害严重的病虫枝全部剪除。

（4）未结果的下垂枝适当保留，待结果后酌情回缩处理。

（三）结果树的修剪

对进入盛果期的橘树，以维持丰产树形和保持强健树势为目的，调节好生长和结果的关系。对不同类型的橘树，要采用差异化修剪方法。一般树高控制在 2.5 ~ 3 米，绿叶层厚度 1 米以上，树冠覆盖率 75% ~ 85%。主要是回缩结果枝组、落花落果枝组和衰弱枝组，剪除枯枝、病虫枝。对骨干枝过多、郁闭严重的树，采取大枝修剪，剪除扰乱树冠的直立性大枝；对当年抽生的夏、秋梢，酌情短截或疏删，以调节翌年产量，防止大小年结果，剪除所有晚秋梢。

为维持丰产树形，对树高超过 3 米的橘树，应实施回缩修剪，主要是剪除相邻树冠及树冠外围的交叉重叠枝，使树冠通风透光，培养内膛枝结果。

修剪后使枝梢均匀排列，内密外稀，下密上稀。对不符合丰产要求的树形，在多花年或无花年进行修剪改造，主要对过高和过长的大枝进行回缩，可分重点培育和促发内堂枝。

第八章　少核本地早的保花保果

柑橘树在整个生长发育过程中，一般具有生长与结果的自我调节作用。但有时也会失去暂时的平衡，如生长过旺，消耗大量养分，引起落果而降低产量。人工控制树冠生长与结果，是提高不结果或少结果的橘树结果能力的有效方法。其主要做法是通过环剥、控制枝梢生长，减少养分消耗或采用控梢、撑枝缓和树势，使营养生长与生殖生长达到相对的平衡，提高坐果率，增加产量。

一、控梢

柑橘花后有两次明显的生理落果高峰。第一次在春梢抽发后，新梢转绿前，落果量高达80%以上；第二次在夏梢抽发期。柑橘生理落果高峰的出现，与柑橘新梢抽发消耗养分密切有关，尤其第二次生理落果。控制夏梢，对减少少核本地早的落果有十分重要的作用。当春梢长至2～4厘米时，适当疏去树冠顶部及外部的春梢。对内膛和下部的枝条一般留5～6叶摘心。对6月至7月上旬抽生的夏梢在芽长1厘米左右进行人工抹除，每隔3～5天抹一次，直至定果为止。对少核本地早如能控制住夏梢，就能提高坐果率，增加产量。从保果效果看，春梢营养枝抹除越多，保果作用越显著。但幼年树抹梢太多不利树冠扩大，成年树抹梢太多，留果量大，叶果比小，影响秋梢抽发，亦不利连年丰产，且易形成大小年结果。因此，对春梢的抹除要因地因树制宜，一般对树势强旺少花多梢的，可多抹除。对长势中庸的，应少抹除，树势衰弱的树不宜抹除。树冠上部和外围枝梢密生，可多抹除，树冠下部和内膛枝应少抹除。少花树可多抹除，多花树少抹除。

二、环剥

环剥是指环绕果树枝干剥去一定宽度的皮层，暂时阻碍同化养分向下运输，增加伤口上部的养分积累，有利提高坐果率。少核本地早易抽发六月梢，引发大量落果，采取环剥措施，对缓和树体营养生长和生殖生长矛盾，控制六月梢抽发，对提高少核本地早的坐果率具有十分重要的作用。一般选择直径3～4厘米副主枝或结果枝组，在花谢2/3前后，用利刀或专用刀进行环剥，环剥口宽度为0.2～0.3厘米，在剥后20～25天，如发现环剥口提前愈合的，再用铁片或环剥用具擦去愈伤组织。一般少核本地早必须通过一次环割，才能确保坐果丰产。环剥一次，通常采用宽幅环剥，环剥口宽度通常为枝条直径的1/8～1/6，对树势影响较大，同时易出现前期坐果过多，后期引发大量落果和夏梢猛发，表现大小年结果现象等，但自2008年开始改一次环剥为两次环剥，通过大面积的示范实践表明，两次环剥跟原来一次宽幅环剥相比，很少出现因环剥不当造成枝组枯死或环剥效果差等现象，对少核本地早丰产稳产发挥十分重要作用。

1. 环剥树的选择

一般选择树势强、老叶多、新梢多、有一定花量的树进行，否则环剥效果不佳。

2. 环剥时间

第一次环剥要根据花量多少确定环剥时间，一般少花树在开花后立即剥、中花树在花谢2/3时进行、多花树延至谢花后，第二次在第一次环剥后20～30天进行，主要是对原环剥口重新进行一次环剥，选用专用环剥刀环剥或钢锯条擦去原剥口愈伤组织，防止提前愈合。

3. 环剥口的宽度和深度

环剥口的宽度一般根据枝条粗细度定，即直径2～4厘米的枝条，环剥口宽度为2～3毫米，对直立性枝组环剥口可稍宽些，剥口深度至木质部或稍带木质部，一般环剥口距离冠顶以1.5米内为好。

4. 环剥后的管理

对因天气、树势等因素影响，环剥口在7月底尚未愈合的，要用电工黑胶布带包扎环剥口，以促进环剥口尽快愈合，同时剪除零星抽发的夏梢和环剥口下方的徒长枝。

三、激素保果

植物激素，也叫植物生长调节剂，在一定的条件下，对调节生长与结果矛盾上有重要作用。在植物体内存在微量天然激素，往往对调节生长与结果的作用不明显。生产上常应用植物生长激素来平衡生长与结果的矛盾，促进坐果，提高产量。如少核本地早在盛花期至谢花期喷一次50×10^{-6}的赤霉素。尤其对少花树、多花树、结果性能差的树及遇到异常气候时喷施，效果明显。

四、营养保果

营养元素与坐果有密切的关系，如氮、磷、钾、钙、镁、铁、锌等元素，对少核本地早坐果率的提高也有促进作用，尤其对树势弱和元素缺乏的喷施效果更好，生产上视树体营养状况，在开花后可结合病虫防治，进行根外追肥，补充树体所需的各种营养元素，如尿素、磷酸二氢钾、钙尔美、镁肥、禾丰铁、有机腐殖酸类营养液及各种高效叶面肥等。

第九章　少核本地早的设施栽培

一、大棚设施栽培

少核本地早的大棚设施栽培主要是利用塑料薄膜大棚，改变或控制少核本地早的生长发育环境条件，特别是冬、春季低温和夏季多阴雨对少核本地早正常生长发育带来的危害，可达到提高坐果、减少冻害、预防冷害、减轻病虫发生为害、促进果实提早成熟的目的。少核本地早实施大棚栽培，可实现丰产稳产、改善品质、提早成熟、提高效益，一般可提早成熟15天左右，售价提高20%~30%，同时还具有省工、省肥、省药，有利生态环境保护。

1. 大棚园地的选择

少核本地早的大棚设施栽培应以连栋钢架大棚为主，必须选择地势相对平坦、交通便利的地块，在现有少核本地早种植的自然条件下，宜选择滨海平原、水田及平坦的山地果园。山地梯田果园不宜搭建大棚。同时要求地势高，不易积水，雨季地下水位在60~80厘米，滨海平原果园四周最好有防护林，山地果园要选择背风向阳的南坡或西南坡。

2. 大棚搭建技术

（1）大棚架式及架材：目前，少核本地早的大棚架式分全钢架连栋大棚和以水泥柱、三角钢和镀锌管组成的混合架连栋大棚。立柱用水泥柱或镀锌管，长4.5米以上，埋地1米，镀锌管埋地部分要用混凝土浇灌。水泥柱：选宽10厘米×10厘米，内有钢筋Ø4.5~5毫米2~4根，镀锌管：规格3.3~5厘米，对3.3厘米的要求厚3.0毫米以上，5厘米的要求厚2.5毫米以上，每根立柱间隔3米。横梁：选用三角钢，规格5厘米×5厘米，镀锌，厚度4毫米。拱杆用镀锌管：规格6分（直径2.0厘米），厚度要求1.5~2.0毫米。其中，6米杆要求厚1.5毫米以上，8米杆，要求厚1.8毫米以上，每根拱杆间距为1.2米。

（2）大棚规格要求：应按少核本地早园的实际确定大棚长度，要求连栋棚长度不超过50米。连栋大棚的跨度可根据少核本地早园的间距确定，即两株少核本地早为一个跨度，一般为8米。棚高4.5米以上。要求树冠最高处离大棚80厘米以上，四周离大棚50厘米以上，连栋棚肩高3.5米以上。同时大棚内要配置滴灌设备，保证树体生长发育的正常需水，具体可委托有资质的专业公司设计建造或有相关建造经验的专业技术人员负责建造。

3. 大棚覆膜时间

根据台州当地的气候条件，结合少核本地早的生长特点和近几年的示范试验，少核本地早大棚覆膜时间为果实成熟期到次年的果实生长期，即11月初至翌年6月上中旬。果实成熟期覆膜可控制少核本地早果实后期的水分供应，有利增进品质和提高果实的含糖量，同时还能提早果实成熟，避免果实冷害和树体冻害的发生。开花坐果期覆膜，有利提高坐果率，确保丰产稳产。6～10月为揭膜期，给桔树于正常的生长环境，同时可避开高温、台风等灾害性天气对棚架和树体的损害，有利果实正常的生长发育。

4. 大棚的管理

少核本地早大棚的管理，主要是温湿度的调控。

（1）温度控制：主要分3个时段，第一时段是果实成熟期。白天棚内温度可以迅速升高到23～25℃，尤其采光好、保温性能好的棚架，温度可以升至27～28℃。当棚内温度超过30℃时，必须及时进行通风、降温，同时，夜间要做好保温，使棚内温度维持在16～20℃。第二时段为花芽分花和萌芽期，也是全年气温最低的时期，密封棚架要扣实棚膜，使棚内最低气温不要低于零度，白天尽可能增温，夜间要注意做好保温，使棚内温度维持在5～10℃，以防冻害，提高花质。第三时段为开花坐果期，主要为开花和幼果发育期，对温度的要求极为敏感，白天尽量增温，夜间要做好保温，以利于开花坐果，提高坐果率。一般要求白天维持在28～30℃，夜间15～17℃。白天如超过30℃，就要注意通风降温。

（2）湿度控制：少核本地早的湿度按覆膜先后顺序先低、中高、后平的原则进行管理，即果实成熟采收期最低，相对湿度控制在50%～60%，萌芽期要求高湿，相对湿度可在90%以上；开花期和果实膨大期湿度控制在50%～70%。

二、反光膜覆盖栽培

反光膜覆盖是实施柑橘产业提升示范推广的一项重要工作，在山地柑橘园应用，对提高柑橘果实品质和增加效益十分明显。2011年10月在沿海橘区的少核本地早园的示范应用表明，反光膜覆盖对促进少核本地早果实着色和提高品质，也发挥很好的效果。

（一）反光膜的选择

目前，柑橘生产上选用较多的是江苏米可多农膜发展有限公司生产的银黑和黑白两种反光膜。

（二）反光膜覆膜时间

少核本地早的地面反光膜覆膜，一般在果实膨大后期，即果实采前40～50天进行。

（三）反光膜覆膜效果

（1）少核本地早树盘铺设反光膜，对促进果实着色有明显作用，一般着色率提高10%～15%，但银黑和黑白两种反光膜对促进果实着色无明显差异。建议采摘观光园选用黑白反光膜，一般园块选用银黑反光膜。

（2）少核本地早在果实膨大后期进行树盘反光膜覆盖，对提高果实的可溶性固形物含量有重要作用。据预测，本地早砧的少核本地早覆盖银黑和黑色反光膜的可溶性固形物分别为11.35%和11.50%，比不覆膜的分别高1.15%和1.3%，而枸头橙砧少核本地早的覆盖银黑和黑白反光膜的可溶性固形物分别为10.15%和11.34%，比不覆盖分别高0.17%和1.36%，表现十分理想的增糖效果。

（3）反光膜覆盖具有投入省、操作简便，对沿海柑橘增进品质、提升效益，增强市场竞争力和促进销售有明显作用，沿海橘区可加快推广应用。

第十章　少核本地早的灾害防御

一、冻害

冻害是低温造成植物组织冰冻而受害的现象。在生理上表现两种症状：一种是细胞间隙结冰，当植物组织内的温度逐渐下降到冰点，细胞就会受害。因细胞内含有各种可溶性物质，因而其冰点温度要比纯水更低，一般柑橘叶片汁液在 -3 ~ -2.5℃开始结冰，如果植物组织内温度降到冰点以下，引起细胞间隙结冰，冰晶随着温度的持续下降而不断增多，细胞内水分不断外渗，细胞原生质结构有可能被破坏。但如果温度逐渐回升，缓慢解冻，原生质结构就不一定会遭破坏。只有当原生质大量失水而发生不可逆转时，才会造成原生质的变性而死亡，这种冻害，轻则表现为叶片卷缩，局部焦枯，如果低温持续时间短，温度缓慢回升，则可重新恢复生机。重则全叶焦枯干缩，逐渐脱落。另一种为细胞内结冰，当遇到极强寒潮侵袭时，温度剧烈下降，植物组织细胞内的水分来不及外渗就在细胞内结冰，冰晶分散在原生质中，使层膜受到严重破坏，细胞很快死亡。这种冻害表现的症状是叶片不失水卷缩，也没有失绿，就连枝带叶枯死在树上，这是一种较严重的冻害，不但叶片枯死，上部枝条甚至整个枝序会枯死。最重要的表现是树皮冻裂，因为冻害期间温度变幅大，日夜温差大，如夜间结冰，枝干皮层膨胀体积可增加10%以上，而中午温度上升，树皮融冰并蒸发失水而收缩，枝干皮层与木质却因胀缩程度不协调，就会造成树皮爆裂，尤其在枝干裸露部位时常出现这种情况，枝干逐渐死亡。另外，也会因伤口感染树脂病、脚腐病等而使枝干死亡。少核本地早等宽皮柑橘类，对越冬条件要求较严格。日最低气温≤ -9℃，或连续两天日最低气温≤ -7℃。超过临界值的低温，就会造成对柑橘树体危害。

（一）防冻措施

在柑橘有冻害威胁的地区，除注意选择耐寒砧木，选择避冻区建园外，还应重视在低温来临前的预防措施，以防止和减轻低温的为害，主要措施如下。

1. 重视培育强壮树势橘树，增强树体抗逆性

强健的树势是提高柑橘抗寒性的基础，要培育强健的树体，一定要搞好一系列肥培管理，特别是适时施足壮果促梢肥、采果肥，使秋梢生长充实，达到一定的木质化程度，防止晚秋梢的抽发。采果后树势恢复良好，使树体内可溶性物质增多，尤其是可溶性糖和谷氨酸、脯氨酸含量多，组织内游离水少，束缚水多，持水力高，休眠芽及枝条内原生质表面拟脂层加厚，蛋白质含量高，则植株抗寒力就强。旱冬及时灌水，结合根外追肥，及时补充树体营养，促进树体生长强壮，增强防冻能力。

2. 培土护根

橘树地上部的生长与地下部的生长有密切的相关性，如根系强大吸收能力强，则树体强健，抗逆性强，即使受冻也易于恢复。低温不但使上部枝叶受害，而且根系也因土壤结冰或开裂而受到伤害，因此，必须重视根系保护。主要措施是在采果后及时培土，尤其水土流失严重、表土浅薄、根系裸露的园地，更应注意在入冬前做好培土，让根部覆盖 10～20 厘米厚的松土。此外，还可采取稻草覆盖、地膜覆盖等方法，以提高土温，增强根系活力。

3. 树干保护

对橘树的主干、主枝要采取保护措施，防止冻裂。冬季对树干进行涂白、束草等措施，以减小日夜温差，也可减轻冰冻。冬季涂白，用生石灰 0.5 千克、硫黄粉 0.1 千克、水 3～4 千克，加食盐 20 克左右，调匀涂主干大枝。

4. 幼树防冻

对 1～5 年生幼树易受冻害，要及早预防。冬季除做好主干涂白、根际培土等措施外，在西北面搭草棚，阻挡寒风，也能减轻冻害。

（二）冻害树的挽救措施

对遭受冻害的橘树，要按照受冻程度分别采取不同的挽救措施，使其迅速恢复树势，减轻灾害损失。

1. 轻冻树

主要部分叶片焦枯，少量新梢冻死，对当年树冠无大伤，但产量要减。因此，春季应适当提早施肥，对受冻枝进行细修剪，促进树体恢复，争取当年一定的产量。对那些有 30% 左右叶片受冻树，要及时摘除受冻后卷曲干枯的叶片，并施薄肥水，也可用 0.2% 尿素和 0.2% 磷酸二氢钾进行根外追肥 2～3 次，促进树势恢复。

2. 中冻树

对大部分叶片脱落和部分枝序冻死的中度受冻树，当年基本无产量，主要是保树和促进树势恢复。对留在树上的枯叶应及时摘去，以减少枝条蒸腾失水。当气温回暖时进行适度修剪，一般回缩1～2级枝。春季以施速效肥为主，以促进新梢抽发，树冠生长，争取第二年恢复结果。

3. 重冻树

主要是大枝或主枝冻死，皮层爆裂，甚至有全株死亡危险，以保树为重点，做好以下几方面：①适时追施速效性肥料。②修剪可适当推迟到能辨别枝干死活的时候进行，实行露骨更新或截干更新，锯口要剃平，并涂以伤口保护剂，促进愈合。此后注意新梢留养与保护，逐步培养新的树冠，争取二三年内恢复结果。对那些叶片全部干枯或脱落、副主枝和主枝受冻的重冻树，在春芽萌发、确定死活分界后，在分界线下2～4厘米的活枝处锯除受冻部分，剃平锯口，并注意伤口保护。

二、冷害

随着少核本地早等柑橘完熟栽培技术的不断推广与应用，冷害的发生与为害，成为少核本地早等柑橘完熟栽培，实现丰产丰收的一个主要障碍。台州柑橘近几年相继遭到柑橘冷害的影响，给少核本地早等柑橘生产造成很大的损失，严重园块产量损失30%以上，且冷害果不耐贮藏运输，腐烂损失更大。

（一）影响少核本地早等柑橘冷害发生的主要因素

1. 气候

久晴遇雨，遭冷空气袭击，更易受害。据2006、2007年10～12月的天气情况分析，持续的晴热天气后，突遇连续的阴雨天气，即使极端低温在0℃以上也很容易发生柑橘冷害。如2006年10月1日至11月16日均为持续的晴热天气，期间仅10月23日有降雨，11月17～26日出现连续的阴雨天气，11月27日起受冷空气影响，极端最低气温由雨期的17℃降至5.8℃，降幅在10℃以上，11月28日后柑橘果实就有冷害发生。2007年10月10日至11月16日，也为持续的晴热天气，11月17日至18日，连续两天降雨10.8毫米，11月19日后受冷空气影响，极端最低气温由雨前16.6℃降至8.5℃，柑橘果实也有冷害发生，降温幅度不及2006年大，同样柑橘冷害发生程度也比2007年轻，但当年早熟温州蜜柑受害比满头红重。

2. 品种

早熟温州蜜柑、满头红、少核本地早等果皮较薄的品种易发生冷害，中、迟熟温州蜜柑等果皮较厚的柑橘品种发生较轻。

3. 地形

一般沿海平原比山地发生重，山坡地橘园因冷空气不容易沉积，柑橘冷害发生轻，沿海平原因冷空气直接侵袭，降温剧烈，柑橘易发生冷害。

4. 树势

管理水平高，树势强的，柑橘冷害发生轻，反之，管理水平低，树势弱，旱情严重的橘园，冷害发生重。

（二）果实冷害发生的症状

柑橘冷害，是指0℃以上的低温对柑橘果实带来的伤害，在台州一般发生在11月中旬至12月上中旬。久旱遇雨，受冷空气影响，气温骤降，昼夜温差大，使一部分顶端果和迎北风面的果实，在清晨果面结露致伤，尤其靠近果蒂部位更易受伤。受害果在3～5天后，在果面形成褐色斑块或条纹或以果蒂为中心形成同心圆斑，表皮干缩，特别是日灼果受害更重。采后贮放，受害处的果皮变软腐烂，产生酒糟气味。轻微受害的果实，初期症状不明显，在采后贮放过程中，易发生腐烂，尤其本地早更为明显，早熟温州蜜柑也如此，树上症状不明显，采后贮放很易腐烂。

（三）少核本地早等柑橘冷害的预防措施

（1）加强栽培管理，增强树势，提高抗逆性，尤其做好抗旱灌水工作十分重要。

（2）疏除顶花果和日灼果，顶花果和日灼果易遭冷害，尽早疏除，可减少损失。

（3）根据天气预报，及时做好抢收工作。据2006年、2007年柑橘冷害的受损情况，持续的干旱天气，在冷空气来袭降雨前及时做好抢收工作，可避免冷害和采后的贮藏腐烂损失。

（4）在低温季节或冷空气来临前，搭建大棚避雨设施或覆盖防虫网等，可大大减轻柑橘冷害造成的损失。

（5）做好采后果实的药剂处理。完熟采收的柑橘果实，易遭柑橘冷害等因素的影响，不利柑橘贮藏保鲜，采前或采后及时用50%施保功可湿性粉剂1 500倍液（咪鲜胺）进行树冠喷雾或采后浸果处理，可延长鲜果的保存期和减少贮藏果实的腐烂损失。

三、台风（洪涝）

每年7～9月是沿海地区台风频发期，不管是正面袭击，还是受边缘影响，均会带来狂风暴雨，对柑橘生产造成严重影响。台风主要发生在每年的7～9月，而涝害主要发生发生在台风季节和梅雨季节。

（一）台风危害

1. 引发落果

被风力击落的果实损失率与风力强弱、果实大小呈正相关。风力强、果实大则损失严重，反之损失较小。一般台风引发的落果损失更大。

2. 擦伤果皮

由于风力对橘树枝干、果实的剧烈摇晃和撞击，使得果皮受到摩擦损伤，轻者引起风癣、斑疤，降低外观品质，重者被刺破或揭蒂而腐烂。因此，台风过境后常可见到一批“树头烂果”。

3. 损伤枝叶

台风常折断枝梢，撕碎叶片，严重影响树势。特别在秋梢生长期遇到台风袭击，新梢折断，新叶破碎脱落，对次年产量有较大影响。有些地方还因伤口感染引起急性炭疽病，造成枯枝、叶片黄化脱落，严重影响树势。

（二）防台措施

1. 柱撑榔、立支柱

在台风来临前，应及早做好防台准备。对结果量多、负荷重的橘树，要用撑榔（留侧枝的毛竹梢）支撑下垂枝干，或者立支柱，以绳索牵引，减少风力摇动。幼树和苗木要立防风杆，防风害。

2. 开通园沟

台风期要重视开沟排水，保持园内沟渠畅通。山地要修好防洪沟，挖好保水沟、竹节沟，防止山洪暴发，减少水土流失。

3. 营造防护林

防护林不但用于防风，还能改善园间小气候条件。据观测，沿海以木麻黄为防护林，林网内风速比空旷区平均降低 63.5% ~68.3%，冬季气温平均可提高 0.44℃，地表温度平均提高 0.77℃，有效地保护了柑橘生产，从而增加产量。尤其在沿海地区，在建园中必须同步营造防护林，使在柑橘投产后发挥防风作用。

（三）灾后挽救

台风过境后，要根据橘园实际情况，采取必要的挽救措施。

1. 排除积水

平原橘园要重视检查沟渠是否排水畅通，及时疏通沟渠，使园内不要积水。

2. 覆土护根

园土冲失造成根系外露的，台风后要及时进行覆土，结合中耕，疏松表土，改善土壤透气性，使根系得以正常生长。

3. 护理伤枝

被台风折断的枝干，及时进行修正护理。对打倒的幼树和苗木，要立支柱扶正。

4、采取综合挽救措施

对橘树淹水时间较长，根系霉烂，地上部叶片出现卷缩，幼果干瘪的树，必须先疏剪部分枝叶，甚至大部分枝叶，摘除部分果实，减少水分蒸腾与养分消耗。同时进行根外追肥，补充树体养分，并结合预防柑橘炭疽病等。喷25%溴菌清可湿性粉剂600倍或80%代森锰锌可湿性粉剂600～800倍液等预防病害。

四、干旱

（一）干旱为害

干旱是各柑橘产区常见的自然灾害，各个季节都有可能发生，尤以夏旱、秋旱、冬旱常带来不同程度的为害。在干旱气候下，土壤供水不足，枝叶蒸腾量大，会造成植株“水分胁迫”现象。水分胁迫可引起橘树一系列复杂的生理与代谢的改变，缺水阻碍着光合作用的正常进行，引起蛋白质与氨基酸比率下降，生长素和赤霉素含量降低，造成酶活性的改变，影响了离子的吸收和运转，对柑橘的花芽分化、幼果发育、果实成熟与品质变化等都产生一定的影响。由于干旱发生的时期不同，对柑橘生产的影响和为害也有差异。

1. 夏旱

在台州出梅后，随着温度的上升，常伴有较长时间的干旱少雨阶段。此时正值柑橘定果期，常由于水分、温度的突变，引发严重的六月落果。同时夏旱往往是高温烈日，还会引起对果实、叶片、树皮的伤害，影响柑橘树势和产量。

2. 秋旱

主要发生在9～10月。此时正值果实发育后期，需水量较大，干旱促进离层形成，影响水分和碳水化合物进入果实，使果实含水量降低。同时叶片缺水，还会优先夺走果实内的水分向叶片转移，使果实发育停滞，对当年产量和品质带来影响。另外，秋旱还会促进锈壁虱和急性型炭疽病等病虫害的发生。

3. 冬旱

冬季干旱对橘树影响很大，虽然橘树在冬季处于相对休眠状态，根系的吸水吸肥能力较弱，但水分严重不足，也会削弱树势，降低抗寒性，容易发生冻害。有些年份发生的大冻害都跟冬旱有密切关系，冬季缺水，会加剧冻害，促进落叶，推迟花芽分化，影响翌年产量。

（二）抗旱措施

1. 沟灌

通过橘园沟渠系统进行灌水、蓄水，让水分通过土壤毛细管渗透全园，供水量充足，抗旱效果好。但对没有沟渠系统的零星果园难以实施。同时对海涂盐碱土应以覆盖防旱为主，如需沟灌则应快灌快排，进行畦面泼浇，不宜在沟内蓄水，一般连晴 10～15 天，进行一次浅沟灌水，并泼浇畦面。

2. 喷灌

喷灌分固定式喷灌和移动式喷灌两种，可使树冠均匀喷雾，一部分水叶片、果实直接吸收利用，一部分水喷淋到土面，增加土壤水分供应。调节田间湿度，改善田间小气候气候。干旱往往伴随着高温天气，利用喷灌抗旱时必须注意外界气温，因在 25℃以上的高温天气，喷淋易引起叶果表皮细胞受伤，所以喷灌宜在早上或傍晚进行，切忌在中午烈日下进行喷灌。

3. 滴灌

是许多大型果园，实施抗旱灌溉的重要设施，具有供水均匀抗旱效果好，操作方便快捷、节水、省工等特点。同时还可实现肥水同灌，省肥省工，是设施柑橘实施优质高效栽培的必备设施。

4. 铺草覆盖

铺草是山地柑橘园最常用的防旱办法，可减少土壤水分蒸发，抑制杂草滋生，增加土壤有机质含量，提高橘园抗旱保水的能力。在夏天进行全园铺草覆盖，对防旱抗旱也有很好作用，旱季可使蒸发量减少，土壤含水量保持稳定。一般在梅雨季结束后进行树盘覆盖，厚度 15～20 厘米。

五、雪害

（一）雪害的为害

柑橘雪害主要是骨干枝因遭受雪压而折断、劈裂，扭裂，树冠严重破坏，尤其枝叶稠密、枝条硬挺的早橘、槾橘、朱红等品种损伤较重，而枝条细软的少核本地早受害较轻。同时雪害还影响设施柑橘，尤其大棚栽培的，雪压严重会危及大棚安全，如2010年12月15日的雪灾，给椒江农场的少核本地早设施大棚因雪压棚架坍塌损坏，造成严重的经济损失。

（二）雪害预防

对雪害应重在预防，遭遇降雪，要加强雪情监测，当树冠或设施积雪达到一定程度时，应及时进行摇雪，卸去树冠积雪，避免雪压过重、折断枝干或压坏棚架设施。

（三）灾后护理

（1）清除树冠积雪：雪后及时发动广大果农清除树上积雪，防止因积雪压裂、压断枝条。对清除积雪，树冠积雪不多的，可采取摇树清除，而对树冠积雪较多、较厚的，要用细竹竿或竹撑榔轻拍枝干除雪，同时要防止除雪不当和融雪降温等对果树枝叶产生的伤害。

（2）扶正倾斜树冠：对因积雪造成树冠倾斜和根系松动的，雪后及时扶正树冠、压实土壤和做好培土等工作，以促进根系恢复。

（3）修整破损枝叶：对因雪压引起果树枝杈的断裂，要及时将撕裂未断的枝干扶回原生长部位，用绳子或竹竿绑护固定或加塑膜包扎，设法使其恢复生长；对于完全折断的枝干，应及早锯平伤口，并涂以接蜡等保护剂；对严重受损的枝条、叶片和果实要及时剪除，以减少水分蒸发和养分消耗，防止枯枝死树。

（4）补充树体营养：对受冻树应在气温回升后，选择晴朗天气的9时至15时树冠喷0.3%尿素加磷酸二氢钾或绿美等有机腐植酸类营养液，每隔7天喷一次，连喷2～3次，补充树体营养，促进树势恢复。

（5）及时预防病害：对受冻树，伤口多，易诱发各种病害发生，灾后可结合根外追肥，树冠喷78%科博可温性粉剂600～800倍液等杀菌剂进行预防各种病害。

第十一章　少核本地早的病虫害防治

一、病虫害防治原则与防治措施

（一）防治原则

遵循“预防为主，综合治理”的植保方针，从果园生态系统出发，以保健栽培为基础，创造不利于病虫孳生而有利于天敌繁衍的环境条件，充分发挥作物对危害损失的自身补偿能力和自然天敌的控制作用，保持果园生态平衡，在预测预报的基础上，优先协调运用植物检疫、农业防治、物理防治和生物防治，在达到防治指标时合理组配农药应用技术，达到有效控制病虫危害、减少农药用量、确保少核本地早安全优质生产的目的。

（二）防治措施

1. 预测预报

根据病虫害的发生流行与少核本地早等寄主植物及环境之间的相互关系，对病害利用田间病情观察法、病原物数量和动态检查法、气象条件病害流行预测法等，对害虫利用调查法、物候法、诱集法、饲养法、期距法、有效积温法等方法，分析推断病害的始发期和发生程度，以及害虫卵孵（若虫）始盛期、高峰期、盛末期，以确定防治适期和合理的防治技术。

2. 植物检疫

严格执行国家规定的植物检疫制度，防止检疫性病虫从疫区传入保护区。

3. 农业防治

（1）选用品种：选用优良株系和抗病虫较强的砧木。

（2）建好园地：搞好果园道路、灌溉和排水系统、防风设施（防风林或防风帐）等建设。

（3）间作或生草：园内宜实行生草制，种植的间作物或生草，应与柑橘无共生性病虫，浅根、矮秆，以豆科植物和禾本科牧草为宜，适时刈割翻埋于土壤中或覆盖于树盘。

（4）保健栽培：加强果园培育管理，适时深翻土壤，合理施肥、修剪、更新、间伐和排灌水，确保树势健壮。

（5）及时清园：剪除病虫枝和枯枝，对于发生危险性病虫害的，应及时清除枯枝、落叶和落果，集中销毁，减少或消灭病虫源。

（6）人工放梢：抹芽控梢，统一放梢，降低病虫基数，减少用药次数。

4. 物理防治

（1）灯光诱杀：利用害虫的趋光性，在其成虫发生期，田间每隔 100 ~ 200 米点 1 盏紫光灯或频振式杀虫灯，灯下放大盆，盆内盛水，并加少许柴油或煤油，诱杀蛾类、金龟子等害虫。

（2）趋性诱杀：拟小黄卷叶蛾等害虫对糖、酒、醋液有趋性，可加入农药诱杀；利用麦麸或生草诱集处理蜗牛；利用黄板诱集处理蚜虫等。

（3）寄主诱杀：当嘴壶夜蛾发生严重时，可种中间寄主木防已，引诱成虫产卵，再用药剂杀灭幼虫。

（4）人工捕杀：人工捕捉天牛、蚱蝉、金龟子等害虫，尤其对发生轻且危害中心明显或有假死性的害虫宜用人工捕杀。

（5）套袋：在果实膨大后期套上水果专用袋，免受病虫为害和减少裂果。

5. 生物防治

（1）改善果园生态环境，保护天敌。

（2）人工引进、释放天敌：从病虫害老发区引进天敌并释放，用座壳孢菌控制黑刺粉虱；用尼氏钝绥螨等控制螨类；用日本方头甲、红点唇瓢虫和金黄蚜小蜂等控制矢尖蚧；用松毛虫赤眼蜂等控制卷叶蛾等。

（3）适用农药：提倡使用生物源农药（微生物农药、植物源农药和动物源农药）和矿物源农药，尽可能利用性诱剂加少量其他农药杀灭蛾类。

6. 化学防治

（1）实行指标化防治：加强病虫测报，掌握病虫发生动态，达到防治指标时根据发生情况和少核本地早的物候期适时对症用药。

（2）农药种类选择：按农药种类有关标准规定执行，禁止使用高毒高残留农药。

（3）农药使用准则：除按国家有关标准规定执行外，防治要到位，喷施要得法，注意农药残效期，严格掌握农药使用的安全间隔期，提倡低容量细喷雾。

二、主要病害防治技术

（一）柑橘炭疽病

柑橘炭疽病是少核本地早上的一种重要病害，主要为害柑橘的梢、叶、果，造成叶焦、枝枯、果落，严重影响柑橘的树势和产量，尤其少核本地早成熟期果实受害，常引发严重的经济损失。通过多年来的观察和示范，已充分认识柑橘炭疽病的发生为害特征，并提出柑橘炭疽病的防治措施，为做好柑橘炭疽病的防治打下很好的基础。

1. 柑橘炭疽病发生为害的症状

（1）叶片：

叶斑型：多发于老熟叶片或潜叶蛾受害叶，干旱季节发生较多，病叶脱落较慢，病斑轮廓明显，近圆形或不规则形，病斑直径3～14毫米，多从叶缘及叶尖开始发病，由淡黄或浅灰褐色变成褐色，病健部界限明显，后期干燥时病斑中部变为灰白色，表面稍突，密生呈轮纹状排列的小黑点（即分生孢子盘），如遇潮湿天气，这些小黑点上会产生大量红色液点（即分生孢子）。

叶枯型：发病多从叶尖或叶缘开始，初期呈青色或青褐色开水烫伤状病斑，并迅速扩展为水渍状、边缘不清晰的波纹状近圆形或不规则的大病斑，一般直径30～40毫米。严重时感染大半叶片，病斑自内向外色泽逐渐加深，略显环纹状，外围常有黄晕圈。

青枯型：多发于老熟叶片，受持续高温干旱天气的影响，发病叶成枯萎失水状态，叶片卷缩、脱落。

（2）枝梢：病斑常发生在叶柄基部腋芽处，病斑呈褐色，椭圆形或长棱形，当病斑环梢一周时，病梢由上而下枯死，上散生黑色小斑点，在病梢上的叶不易脱落。发病期遇连续阴雨天气，也会出现“急性型”症状，即发生于刚抽生的嫩梢顶端3～10厘米处，似开水烫伤状，3～5天后枝梢及嫩叶凋萎变黑色枯死。3年生以上的枝梢，病健部很难分辨，敲开树皮，才可看到发病部位。

（3）苗木：大多离地面6～10厘米或嫁接口处发病，产生深褐色的不规则病斑，严重时可引起主干上部的枝梢枯死，也有从嫩梢一二片顶叶开始发病，症状如枝梢“急性型”，自上而下蔓延，使整个嫩梢枯死。

（4）果实：

僵果型：一般在幼果直径10～15毫米时发病，初生暗绿色油渍状，稍凹陷的不规则病斑，后扩大至全果，天气潮湿时长出白色霉层和橘红色黏质小液点，以后病果腐烂变黑，干缩成僵果，悬挂树上或凋落。

干疤型：在干燥条件下，果实近蒂部至果腰部发生圆形、近圆形或不规则形的黄褐色至深褐色病斑，稍凹陷，皮革状或硬化，病健部界限明显，为害仅限于果皮，成干疤状。

泪痕型：在连续阴雨或潮湿天气条件下，大量分生袍子通过雨水从果蒂流至果顶，侵染果皮形成红褐色或暗红色微突起小点组成的条状型泪痕斑，不侵染果皮内层，影响果实外观。

果腐型：主要发生于贮藏期果实和果园湿度大时近成熟的果实上遭冷害（霜害）的影响，大多从蒂部或近蒂部开始发病，也可由干疤型发展为果腐型，病斑初为淡褐色水渍状，后变为褐色至深褐色腐烂，果皮先腐烂，后内部果肉变为褐色至黑色腐烂。

2. 柑橘炭疽病的发生规律

以菌丝体和分生孢子在病部越冬，也可以菌丝体在外表正常的叶片、枝梢、果实皮层内成潜伏侵染状态越冬。浸染循环有2种方式，相互交叉进行。第一种是病部越冬的菌丝体和分子孢子盘，在翌年春环境适宜时（本菌生长的适宜温度9～37℃，最适为21～28℃），病组织产生孢子借风雨或昆虫传播，经伤口和气孔侵入，侵入寄生引起发病。初次侵染源主要来自枯死枝梢、病果梗。分生孢子全年可以产生，尤以当年春季枯死的病梢上产生数量最多，侵入寄生的病菌具有潜伏的特性，潜伏期长短，因温度而异，最短的3天，长的半年至1年，多数为1个季。第二种侵染循环方式的病源来自体表正常的叶片、枝梢和果实皮层等。发病与干旱环境条件和树体本身的抗病能力密切相关。

3. 影响柑橘炭疽病发生因素：

柑橘炭疽病发生期长，症状类型复杂，影响发病程度的因素也很多，主要如下。

（1）砧木：本地早砧木的少核本地早，发病重，而枸头橙砧木的少核本地早发生轻。

（2）挂果量：同一柑橘品种，挂果量多的树，发病重，反之，挂果量适中或少的树，发病轻。

（3）管理：橘园管理精细，树势强的，发病轻，反之管理不善，病虫发生为害而造成树势衰弱的橘园，发病重。

（4）气候：发病与气候环境条件和树体本身的抗病能力密切相关。高温高湿、涝害、旱害、冷害时发病重，尤其在柑橘遭遇台风洪涝或持续高温干旱天气的影响，以及柑橘树受冻后，树势衰弱，容易爆发，要及时做好预防。

4. 防治技术

（1）防治适期：花谢2/3、台风暴雨等灾害性天气过后的果实生长期、果实成熟前期。

（2）防治措施：

① 物理防治：加强栽培管理，增强树势，提高抗病能力。做好橘园深翻改土，增施有机肥和磷、钾肥，避免偏施氮肥，及时做好抗旱、排涝、防冻（霜）、防虫等工作。做好清园，减少病源。冬、春季结合修剪，剪除病虫枯枝、扫除落叶、落果和病枯枝，集中烧毁。

②化学防治：从柑橘谢花后开始，可结合柑橘疮痂病和柑橘黑点病等防治，选用78%波尔锰锌可湿性粉剂（科博）600～800倍液或80%代森锰锌可湿性粉剂（喷克、大生）500～600倍液等进行防治。如发病较重，可选用25%溴菌清（炭特灵）可湿性粉剂600～800倍或25%咪鲜胺乳油800～1 000倍液等进行防治。

（3）防治注意事项：

①防治柑橘炭疽病，在发病症状表现后再进行喷药防治，往往效果不甚理想。在防治策略上，应以预防为主，可结合柑橘疮痂病和柑橘黑点病的防治进行。

②对柑橘炭疽病常发园块和重发园块，在发病期，要每隔7～10天防一次，连喷2次以上。

③在药剂防治柑橘炭疽病的同时，混喷磷酸二氢钾和有机腐殖酸类等营养液进行根外追肥，既能补充树体营养，增强树势，提高抗病力，又能保证防效。

④对于果实发育后期柑橘炭疽病的防治，若使用可湿性粉剂类药剂防治，易在果面产生药斑而影响果实外观品质，所以宜选择水剂、微乳剂或乳油类药剂进行防治。

（二）疮痂病

疮痂病是一种真菌性病害，是少核本地早等宽皮柑橘类的重要病害之一。主要为害幼嫩的果实和叶片，常引起落果落叶或畸形，影响果实的外观和内质。

1. 症状

在叶片上初期为油渍状的黄色小点，接着病斑逐渐增大，颜色变为蜡黄色，后期病斑木栓化，多数向叶背面突出，叶面则凹陷，形似漏斗，严重时叶片畸形或脱落；嫩枝被害后枝梢变短，严重时呈弯曲状，但病斑突起不明显；花器受害后，花瓣很快脱落；果实发病开始为褐色小点，发后逐渐变为黄褐木栓化突起，幼果严重时多脱落，不脱落的也果形小，皮厚，味酸甚至畸形。

2. 发病规律

疮痂病菌以菌丝体在患病组织内越冬。翌年春季，老病斑上即可产生分生孢子，并借助水滴、风力和昆虫传播到幼嫩组织上（主要是刚落花后的幼果及初抽出来的幼叶尚未展开前的新梢），萌发后侵入，侵入后约 10 天发病，新病斑上又产生分生孢子进行再次侵染。

不同柑橘类型和品种的抗病性差异很大，一般宽皮柑橘和柠檬易感病，杂柑和柚类次之，甜橙类则很抗病。适温和高湿（有一定时间的降雨）是疮痂病流行的重要条件。发病的温度范围为 15 ~ 30℃，最适为 16 ~ 23℃。在台州市各橘区，疮痂病以对幼果为害最重，春梢的发病情况在不同年份间有很大差异。温度是影响春梢发病程度的关键因素。

3. 防治措施

（1）防治适期：枝梢顶部春芽长 1 厘米以下时，花谢 2/3 时和幼果期。上年秋梢叶发病率 5% 以下的园块，主要于花谢 2/3 时喷药；发病率 5% 以上的园块，顶部春芽长 1 厘米以下时和花谢 2/3 时均需喷药；幼果期根据防治指标结合天气预报雨日的多少喷药，雨日少不喷，雨日多喷 1 ~ 2 次。

（2）防治指标：上年秋梢叶片发病率 5%；幼果发病率 20%。

（3）防治对策：

①药剂防治：春梢期药剂宜选用 0.5% ~ 0.8% 等量式波尔多液，或用 80% 必备可湿性粉剂 400 ~ 600 倍液。柑橘疮痂病防治应以幼果为重点，于花谢 2/3时喷药，发病条件特别有利时，隔 10 天左右再喷一次，连喷 1 ~ 2 次。花谢 2/3 时可选用 78% 科博 WP（可湿性粉剂，下同）600 倍或 80% 代森锰锌 WP 600 ~ 800 倍或 75% 百菌清 WP 800 倍或 25% 溴菌清 WP 800 倍液；幼果期宜用 75% 百菌清 WP 800 倍或 25% 溴菌清 WP 800 倍或 5% 霉能灵 WP 600 ~ 800 倍液。

②剪除病梢病叶：冬季和早春结合修剪，剪除病枝、病叶，春梢发病后，应及时剪除新病梢。

③适期避雨：有条件的橘园只要从开始谢花起避雨 3 ~ 4 周，即可有效控制发病。

（三）黄斑病（脂点黄斑病、脂斑病和褐色小圆星病）

黄斑病是少核本地早树生长衰弱、管理差的果园中比较常见的一种真菌性病害，发病时会引发落叶，严重时出现大量落叶，影响树势和产量。

1. 为害症状

（1）叶片：该病可分为脂点黄斑型、褐色小圆星型和混合型 3 种。

①脂点黄斑型：发病初期叶背上出现针头大小的褪绿小点，半透明，后扩

展为大小不一的黄斑，在叶背出现疱疹状淡黄色突起的小粒点，几个或十几个群生在一起，小点可相连成不规则的大小不一的病斑，随着叶片长大，病斑变为褐色至黑褐色的脂斑。病斑相对应的叶片正面亦可见到不规则的黄斑，边缘不明显，颜色黑褐，该病主要发生在春梢叶片，常引起大量落叶。

②褐色小圆星型：发病初期出现赤褐色芝麻粒大小的近圆形斑点，以后稍扩大，变成圆形的斑点，病斑边缘凸起色深，中间凹陷色稍淡，后变成灰白色，并在其上密生黑色小粒点。主要发生在秋梢叶片上。

③混合型：是在同一张叶片上既有脂点黄斑型的病斑，又有褐色小圆星型病斑，多出现在夏梢叶片上。以上3种症状的产生原因是由于感染时期、寄主组织发育阶段，以及寄主的生理状态差异所造成的。

（2）嫩梢：受害后的嫩梢，僵缩不长，影响树冠扩大。

（3）果实：病斑常发生在向阳的果实上，仅侵染外果皮，初期症状为疱疹状污黄色小突粒，此后病斑不断扩展和老化，点粒颜色变深，发病部分泌的脂胶状透明物被氧化成污褐色，形成1~2厘米的病健组织分界不明显的大块脂斑。被害后产生大量油瘤污斑，影响商品价值。

2. 传播途径和发病条件

该病为真菌性病害，病菌以菌丝体在病叶和落叶中越冬。翌年春季子囊果释放子囊孢子，借风雨等传播。子囊孢子萌发后并不立即侵入叶片，芽管附着在叶片表面伸长发育成表生菌丝，产生分生孢子后再从气孔侵入叶片，经2~4个月潜伏期后才表现症状。该病原菌生长适温为25℃左右，5~6月温暖多雨的季节，最有利子囊孢子的形成、释放和传播，是该病发生的高峰期。少核本地早品种发病较轻。一般栽培管理粗放，施肥不足的，树势衰弱的园块较易发病，栽培管理好，树势强健的较小发病。

3. 防治方法

（1）防治适期：新叶展开期，花谢2/3时。

（2）防治指标：上年老叶5%发病的树或园块。

（3）农业防治：加强栽培管理，特别对树势弱、历年发病重的老树，应增施有机质肥料，并采用配方施肥，促使树势健壮，提高抗病力。抓好冬季清园，扫除地面落叶集中烧毁或深埋。

（4）化学防治：在谢花2/3时，进行第一次喷药防治，隔20天和50天再分别喷药一次，共喷2~3次。可选用1：1：200波尔多液或50%多菌灵可湿性粉剂600~800倍液或75%百菌清可湿性粉剂600~700倍液。也可结合柑橘炭疽病防治，选用80%代森锰锌可湿性粉剂600倍液，或78%科博（波尔锰锌）WP 600倍液。

（四）树脂病（黑点病、沙皮病、流胶病）

树脂病是少核本地早上重要的真菌性病害，主要为害枝干、果实和叶片。通常将侵染枝干所发生的病害叫树脂病或流胶病，侵染果皮和叶片所发生的病害叫黑点病或沙皮病，侵染果实后在贮藏期发生腐烂叫褐色蒂腐病。

1. 为害症状

（1）侵染枝干的分干枯型和流胶型：流胶型：少核本地早枝干被害，初期皮层组织松软，有小的裂纹，水渍状，并渗出褐色胶液，并有类似的酒糟味。高温干燥情况下，病部逐渐干枯、下陷，皮层开裂剥落，木质部外露，疤痕四周隆起。干枯型：枝干病部皮层红褐色干枯略下陷，微有裂缝，不剥落，在病健部交界处有明显的隆起线，但在高湿和温度适宜时也可转为流胶型，病菌能透过皮层侵害木质部，被害处为浅灰褐色，病健部交界处有一条黄褐色或黑褐色痕带。

（2）侵染果皮和叶片的有沙皮或黑点型：幼果、新梢和嫩叶被害，在病部表面产生无数的褐色、黑褐色散生或密集成片的硬胶质小粒点，表面粗糙，略为隆起，似黏附着许多细沙。

2. 传播途径和发病条件

树脂病为真菌性病害。病菌主要以菌丝、分生孢子器和分生孢子在病树组织内越冬。当环境条件适宜时形成大量的分生孢子器，溢出的分生孢子借风、雨、昆虫等媒介传播。在高湿条件下，孢子才能萌发和侵染。分生孢子形成、萌发和侵染的适宜温度为15～25℃。此病菌为弱寄生性，孢子萌发产生的芽管只能从寄主的伤口（冻伤、灼伤、剪口伤、虫害伤等）侵入，才能深入内部。在没有伤口、活力较强的嫩叶和幼果等新生组织的表面，病菌的侵染受阻于寄主的表皮层内，形成许多胶质的小黑点。因此，只有在寄主有大量伤口存在，同时雨水多，温度适宜，枝干流胶和干枯及果实蒂腐时才会发生流行。而黑点和沙皮的发生则仅需要多雨和适温，在雨水较多的年份，黑点和沙皮均可发生。

3. 防治方法

（1）防治适期：4～9月。

（2）防治指标：主干和枝条上见病斑即治，枝梢、叶片和果实上去年发病较重的园块，在各主要防治适期均需喷药保护。

（3）农业防治：

①营造防护林：防护林可减轻冻害和机械损伤，保持树体较强的抗病力。

②做好防冻、防旱和防涝工作：采收后及时施采果肥、搭建大棚、根部培土铺草、寒流来临时进行熏烟等，并及时做好抗旱和排涝等工作。

③结合修剪清除病源：早春结合修剪，剪除病枝、枯枝，剪口涂保护剂，剪下的病枯枝集中烧毁。

④树干涂白：在盛夏前将主干涂白，以防日灼。涂白剂可用生石灰 20 千克、食盐 1 千克加水 100 千克配制而成。

（4）化学防治：在春芽萌发期、花谢 2/3 时及幼果期可结合疮痂病防治各喷药 1 次。供选药剂有波尔多液或 80% 可湿性粉剂 400～600 倍液，或用 80% 山德生（大生 M－45）可湿性粉剂 600 倍液，或用 70% 甲基托布津可湿性粉剂。对主干和枝条上的病斑用刀刮除，先用 75% 酒精或 10% 纯碱水消毒后，再涂 5% 波尔多液或常用杀菌剂 30～50 倍液保护伤口，伤口宽度达到主干或枝干周长 1/5 以上的须用反光膜包扎。枝梢和果实发病可用 80% 代森锰锌 WP800 倍或 78% 科博 WP600 倍液进行防治。

（五）柑橘黄龙病

柑橘黄龙病又名黄梢病，是柑橘上的检疫性病害，少核本地早树受害后，轻则影响树势和产量，重则死亡，是少核本地早上最具毁灭性的一种病害。

1. 为害症状

在春、夏、秋梢上均可出现受害症状。新梢叶片主要表现有：均匀黄化、斑驳黄化和缺素状黄化等 3 种类型。幼年树和初结果树春梢发病，新梢叶片转绿后开始褪绿，使全株新叶出现均匀黄化，夏、秋梢发病则是新梢叶片在转绿过程出现淡黄无光泽，也逐渐形成均匀黄化。投产的成年树，先出现个别或部分植株树冠上少数枝条的新梢叶片黄化，次年黄化枝扩大至全株，使树体衰退。在病株中有的新叶从叶片基部、叶脉附近或边缘开始褪绿黄化，并逐渐扩大成黄绿相间的斑驳状黄化，有时与均匀黄化同时出现。斑驳黄化的可转变为均匀黄化。这些黄化枝上再发的新梢，或短截后抽发的新梢，枝短、叶小变硬，表现类似缺锌、缺锰状的花叶。发病的果实小而畸形，着色不匀，常表现为“红鼻子”果。

2. 传播途径和发病条件

该病主要通过虫媒（柑橘木虱）和嫁接传播。远距离传播的主要靠带病苗木或接穗，往往使无病区变有病区。田间发病程度与田间病源菌和传病昆虫柑橘木虱的发生密度和栽培管理等有密切相关。如田间病树多，柑橘木虱发生量大时，黄龙病发生就严重。

3. 防治措施

（1）严格检疫制度，杜绝病苗、病穗传入无病区和新植区。

（2）培育无病苗木：①苗圃地应选择在无病区或隔离条件较好的地方，或用防虫网进行大棚封闭式育苗。②建立少核本地早无病毒繁育体系。凡经选出的良种株系，必须通过指示植物或聚合酶链式反应（PCR）检测。通过茎尖嫁接脱毒技术获取茎尖苗木，按无病毒规程操作繁育无病苗木。③对砧木种子应采自无病树的果实，种子用50～52℃热水浸泡5分钟，预热后再浸泡在55～56℃的热水中，浸泡50分钟。接穗应采自经鉴定的无病母树，并用1 000倍盐酸四环素液浸泡2小时，再用清水冲洗干净嫁接。

（3）防治柑橘木虱：

①可选用10%吡虫啉可湿性粉剂1 000倍液或3%啶虫脒乳油2 000倍液或1.8%阿维菌素乳油2 000倍液，或用48%乐斯本乳油1 000倍液等药剂进行防治。

②结合冬季清园，消灭越冬代柑橘木虱成虫。

③加强栽培管理，培育强健树势：如重施有机肥，合理搭配氮、磷、钾，促进树势健壮生长，培养强健树势，提高树体抗病能力。

④挖除病株：在春、秋新梢转绿后，全面检查病株，发现一株，挖除一株。尤其是秋梢期，发病典型症状明显，是确定病株的好时机。在挖除病树前，应对病株及其附近植株喷吡虫啉、啶虫脒等药剂，以防柑橘木虱由病树向四周扩散。

三、主要虫害防治技术

（一）柑橘红蜘蛛

1. 为害特点

柑橘红蜘蛛，又名橘全爪螨，是目前少核本地早上发生最主要的害虫之一，主要以口针刺破少核本地早叶片、嫩枝及果实表皮，吸食汁液。叶片受害后，轻则产生许多灰白色小点，严重时失去光泽，全叶呈灰白色，常造成大量落叶，尤其少核本地早春季受害对当年树势和产量影响很大。

2. 形态特征

红蜘蛛雌成螨长约0.39毫米，宽约0.26毫米，近椭圆形，紫红色，背面有13对瘤状小突起，每一突起上长有1根白色长毛，足4对。雄成螨鲜红色，与雌成螨相比，体略小（长约0.34毫米，宽约0.16毫米），腹部末端部分较尖，足较长。卵扁球形，直径约为0.13毫米，鲜红色，有光泽，后渐褪色。顶部有一垂直的长柄，柄端有10～12根向四周辐射的细丝，可附着于叶片上。幼螨体长0.2毫米，色较淡，有足3对，体背着生刚毛16根。若螨与成螨极相似，但身体较小，1龄若螨体长0.2～0.25毫米，2龄若螨体长0.25～0.3毫米，均有4对足。

3. 发生规律

柑橘红蜘蛛的年发生代数为15~20代，发生代数与气温密切相关，各发生代数不一，无明显的越冬现象。田间影响红蜘蛛发生密度的主要因素有温度、湿度、食料、天敌和人为因素等。一般气温在12~26℃时有利于红蜘蛛的发生，20℃左右时最适，超过35℃就不利于发生。红蜘蛛的发生一年有2个高峰期，即4~6月和9~11月。卵多产在叶背的主脉两侧，有多种捕食性和寄生性天敌，如天敌种类丰富，柑橘红蜘蛛可得到自然控制，特别在生长季节的中后期，如合理选用农药可有效控制红蜘蛛为害，而不合理的频繁用药则会杀死大量天敌，使红蜘蛛的发生更为猖獗，防治变得更为困难。

4. 防治方法

（1）防治适期与指标：对不同时期柑橘红蜘蛛的防治指标要求有差异，一般早春（2月下旬至3月中旬）：1~2头/叶，3月下旬至花前2~3头/叶。

花后至9月5~6头/叶，10~11月2头/叶。

（2）农业防治：主要是间作和生草，在橘园行间种植藿香蓟、白三叶、百喜草、大豆、印度豇豆、蚕豌豆、肥田萝卜和紫云英等间作物，也可实行生草栽培，可减轻红蜘蛛的发生。

（3）化学防治：

①春季清园：在春梢萌芽前可选用波美度0.8~1度石硫合剂或45%松脂酸钠80~100倍液或99%绿颖乳剂150~200倍液或95%机油乳剂60~100倍液等清园药剂，进行全园防治一次。

②在春芽至谢花前：可选用5%噻螨酮乳油1 200~1 500倍液或15%达螨酮乳油1 200~1 500倍液或20%四螨嗪乳油1 500~2 000倍液。

③其他时期防治：除可选用萌芽至谢花前的药剂外，还可选用24%阿维螺螨酯4 000~5 000倍或乙螨唑5 000~6 000倍或73%克螨特EC 2 000~2 500倍（幼果期30℃以上不宜使用）或25%三唑锡WP 1 500~2 000倍或20%双甲脒EC 1 000~1 500倍或50%苯丁锡（托尔克）WP 2 000~3 000倍液。

（4）保护天敌，减少用药：柑橘红蜘蛛主要天敌有食螨瓢虫、尼氏钝绥螨、江原钝绥螨等捕食螨，还有晋草蛉、中华草蛉、六点蓟马等捕食性天敌及虫生藻菌、芽枝霉和无内涵体病毒等寄生菌。

（二）褐圆蚧

1. 为害特点

褐圆蚧又名鸢紫褐圆蚧、茶褐圆蚧或黑褐圆蚧。主要为害叶片、枝梢和果实，吸食汁液。受害叶片褪绿，出现淡黄色斑点，果实受害后表面不平，斑点累累，品质下降，为害严重时导致树势衰弱，大量落叶落果，新梢枯萎，甚至造成枯枝死树。

2. 形态特征

雌成虫介壳呈圆形，直径为1.5～2.0毫米，呈紫褐色或暗褐色，边缘为淡褐色或灰白色，由中部向上渐宽，高高隆起，壳点在中央，呈脐状。雌成虫体呈倒卵形，为淡黄色；雄成虫介壳椭圆形或卵形，成虫体长0.75毫米，虫体呈淡橙黄色，足、触角、交尾器及胸部背面均为褐色，有翅1对，透明。卵呈长圆形，长约0.2毫米，淡橙黄色。若虫呈卵形，淡橙黄色，共2龄。

3. 发生规律

一年发生3～4代，后期世代重叠严重，主要以若虫越冬。卵产于介壳下母体的后方，经数小时至2～3天后孵化为若虫。初孵若虫活动力强，转移到新梢、嫩叶或果实上取食。经1～2天后固定，并以口针刺入组织为害。雌虫若虫期蜕皮2次后变为雌成虫，雄虫若虫期共2龄，经前蛹和蛹变为成虫。各代1龄若虫的始盛期为第1代5月中旬，第2代7月中旬，第3代9月上旬，第4代（越冬代）11月下旬。以第2代的种群增长最大。若虫孵化后从介壳边缘爬出，在叶面爬行，经数小时即固定。在孵化后至固定为害前，这一阶段称为游荡若虫。游荡若虫生命力较强，在没有食料时，也可存活6～13天，活动最适温度是26～28℃。游荡若虫喜在叶及成熟的果实上定居为害。

4. 防治方法

（1）防治适期与防治指标：

防治适期：春梢萌芽前（2月中旬至3月上旬），第1代若虫盛发期（5月至6月上中旬），第2代若虫盛发期（7月中旬至8月下旬），第3代若虫盛发期（8月下旬至9月）。

防治指标：5～6月，10%叶片发现有若虫；7～10月，10%果实发现有若虫2头/果。

（2）农业防治：主要是合理修剪，剪除虫枝，培养健壮树势，保护和利用好寄生蜂、捕食瓢虫、日本方头甲和草蛉等天敌。

（3）化学防治：

第1代若虫盛发期（5月下旬至6月上旬）可选用10%吡虫啉可湿性粉剂1 000倍或25%噻嗪酮可湿性粉剂1 200倍液或95%机油乳剂（或99.1%敌死虫乳油）100～150倍液或99%绿颖200～300倍液或22%特福力（氟啶虫胺腈）悬浮剂4 000倍或48%乐斯本（毒死蜱）乳油1 200倍加95%机油乳剂250倍液，发生严重的园块隔15天左右再喷1次。7～9月，可选用22%特福力悬浮剂4 000倍液或48%毒死蜱乳油800～1 000倍液。

（三）矢尖蚧

1. 为害特点

矢尖蚧又名尖头介壳虫。以若虫和雌成虫刺吸枝干、叶皮和果实的汁液，被害处四周变成黄绿色，引起叶片枯黄脱落，严重者叶片干枯卷缩，枝条枯死，果实不易着色，果小味酸。

2. 形态特征

成虫雌介壳棕褐至黑褐色，边缘灰白色，介壳质地较硬、壳长 2.8 ~ 3.5 毫米，前头尖，后头宽，末端呈弧形，略弯曲，形似箭头。雌蚧成虫体长 2.5 毫米，长圆形，橙黄色。若虫分泌粉白色棉絮状蜡质，淡黄色。雄成虫体长 0.5 毫米，深红色，有发达的前翅。卵椭圆形，长约 0.3 毫米，橙黄色。1 龄若虫草鞋形，橙黄色，触角和足发达；2 龄扁椭圆形，淡黄色，触角和足均消失。蛹长形，橙黄色。

3. 发生规律

浙江一年发生 2 ~ 3 代，以受精雌成虫越冬为主，少数以若虫和蛹越冬。第 1 代幼蚧 5 月上旬初见，孵化高峰期为 5 月中旬，第 2 代幼蚧盛发高峰期在 7 月下旬，第 3 代幼蚧盛发高峰期在 9 月中旬。初孵若虫行动活泼，经 1 ~ 2 小时后，即定居在寄主上吸食。次日体上开始分泌棉絮状蜡质。虫体居于蜕皮壳下继续成长，经蜕皮变为雌成虫。每头雌成虫能产 70 ~ 200 头若虫。雄若虫 1 龄之后即分泌棉絮状蜡质介壳，常群集成片。在橘园中是中心分布，常由一处或多处生长旺盛且荫蔽的地方开始发生，然后向周围扩散蔓延至整个橘园。山坡呈现出中心点至片的延伸，一般大面积成灾的情况较少，树完全郁闭的虫口密度大，受害重，树势弱且管理差的受害也重。

4. 防治方法

（1）防治适期与防治指标：

防治适期：春梢萌芽前（2 月中旬至 3 月上旬），第 1 代若虫盛发期（5 月下旬），第 2 代若虫盛发期（7 月下旬至 9 月上旬），第 3 代若虫盛发期（9 月上旬至 10 月中旬）。2 月中旬至 3 月上旬，春季越冬代雌成虫 0.5 头/梢或 10% 叶片发现有若虫。

防治指标：5 ~ 9 月，若虫 3 ~ 4 头/梢，或者 10% 果实发现有若虫为害即需防治。

（2）农业防治：加强管理，增强树势，树冠通风透光，提高抗病虫能力。剪除介壳虫枝，集中烧毁处理。

（3）化学防治：参照褐圆蚧的方法和选择规定的药剂进行防治。如选用 48% 毒死蜱 EC 800 ~ 1 000倍加 95% 机油乳剂 250 倍液或 95% 机油乳剂单剂

120～150倍液，发生严重的园块隔15～20天再喷1次。8～9月，选用48%毒死蜱EC 800～1 000倍液加25%噻嗪酮（扑虱灵）WP 1 200倍液。

（4）保护天敌：保护和利用瓢虫、草蛉、食蚜蝇、蜘蛛、寄生蜂和寄生菌等天敌。

（四）橘锈螨（锈壁虱）

1. 为害特点

柑橘锈壁虱俗称“锈蜘蛛”或柑橘锈螨。以成螨或若螨群集在叶背和果实表面刺吸汁液。受害叶片背面呈赤褐色，后变橙黄色，严重时引起叶片枯黄脱落，削弱树势，影响产量。果实被害初期呈灰绿色，失去光泽，后成铜色或黑褐色，俗称“铜病”，严重时还形成木栓状组织、品质变劣、味酸，果重减轻，严重时还会引起落果。

2. 形态特征

成螨体长0. 1～0. 2毫米，黄白色，呈胡萝卜形，肉眼看不见，头部附近有足二对，体躯前部较粗，尾端较细。刚孵化的幼虫淡黄色，后变橙黄色。卵圆球形，灰白色，透明而有光泽。若螨的体形似成螨，但体小，1龄时灰白色，2龄时淡黄色。

3. 发生规律

一年发生18代，年积温高的地方发生代数更多。一般以成螨在腋芽、缝隙内或潜叶蛾为害的卷叶内越冬。25～31℃是该螨发育和繁殖的适宜温度，夏、秋季是其繁殖的高峰季节。雌螨为孤雌生殖，卵多散产在叶片背面及果实凹陷处。波尔多液等铜制剂对锈壁虱有刺激其生殖和发育作用。在橘园分布有“中心虫株”的现象。该螨发生与环境的关系较大，夏季高温干旱有利于发生繁殖，台风暴雨对该螨有显著的冲刷作用，同时使用波尔多液等铜制剂对锈壁虱的发生有诱发作用。

4. 防治方法

（1）防治适期与防治指标：5月下旬至6月，叶片或果实在10倍放大镜下每视野2头，或者当年春梢叶背初现被害状。7～10月，叶片或果实在10倍放大镜下每视野3头，或者果园中发现1个果出现被害状，或者5%的叶、果有橘锈螨。

（2）农业防治：加强果园管理，果园可套种绿肥或者藿香蓟，以提高果园湿度，增加天敌种群，在高温干旱的盛夏可采用树盘覆盖杂草或适当灌水，以提高果园湿度，对锈螨的发生起明显的抑制作用。冬季清除橘园落叶，喷洒石硫合剂等。

（3）化学防治：防治药剂参照红蜘蛛外，还可选用阿维菌素和代森锰锌等药剂，但5%噻螨酮乳油对防治柑橘锈壁虱无效。

（4）保护天敌：充分保护和利用汤普多毛菌、食螨瓢虫、捕食螨、食螨蓟马和草蛉等天敌。

（五）黑刺粉虱

1. 为害特点

黑刺粉虱又名橘刺粉虱、刺粉虱。主要为害当年的春梢、夏梢和早秋梢。以幼虫聚集叶片背面刺吸汁液，叶片受害后出现黄色斑点，其排泄物还能诱发煤烟病，使柑橘树枝叶发黑，光合作用减弱，叶片枯死脱落，树势衰弱，枝梢抽发少而短，逐年减产。严重影响植株的生长发育，降低产量。

2. 形态特征

成虫体长0.96～1.3毫米，橙黄色，薄被白粉，复眼肾形红色。前翅为紫褐色，周缘有7个不规则白斑；后翅小，淡紫褐色。卵长椭圆形，长0.25毫米，基部钝圆，具1小柄，直立附着在叶上，初乳白，后变淡黄，孵化前灰黑色；若虫体长0.7毫米，黑色，体背上具刺毛14对，体周缘有明显的白蜡圈；共3龄，初龄椭圆形淡黄色，体背生6根浅色刺毛，体渐变为灰至黑色，有光泽，体躯周围分泌一圈白色蜡质；2龄黄黑色，体背具9对刺毛，体躯周围有明显的白蜡圈。蛹椭圆形，初乳黄渐变黑色。蛹壳椭圆形，长0.7～1.1毫米，漆黑有光泽，蛹壳呈锯齿状，周缘有较宽的白蜡边，背面显著隆起，胸部具9对长刺，腹部有10对长刺，两侧边缘雌的有长刺11对，雄的为10对。

3. 发生规律

黑刺粉虱1年发生4～5代，以2～3龄若虫在叶背上越冬。该虫于3月下旬至4月上旬羽化成虫，且开始产卵。各代1～2龄若虫盛发期分别在5～6月中旬、6月下旬至7月上中旬、8月上旬至9月上旬和10月下旬至12月下旬，有世代重叠现象。在同一果园中以成虫迁飞传播，远距离主要是靠风传播。成虫羽化时喜欢在树冠内阴暗潮湿处活动、产卵，尤其在幼嫩的枝叶上产卵居多。初孵若虫常在卵壳附近爬行约10分钟后固定并取食，各代若虫孵化后分别群集在春、夏、秋梢嫩叶背面吸食汁液。

4. 防治方法

（1）防治适期与防治指标：防治适期：春梢萌芽前（2月中旬至3月上旬），第1代1龄若虫盛发期（约5月下旬），第2代若虫盛发期（7月下旬至8月下旬），第3代若虫盛发期（8月下旬至9月）。

防治指标：2月中旬至3月上旬，春季5%叶片发现有越冬代老熟若虫或0.5头/梢；5～9月，若虫2～3头/梢，或者5%叶片、果实发现有若虫为害。

（2）农业防治：一是加强栽培管理，增强树势，提高抗性，减轻危害；

二是科学修剪，改善树冠通风透光性能，创造不利于黑刺粉虱活动繁衍的场所；三是冬季清园时剪除病虫害枝和荫蔽衰弱枝，清理园内枯枝落叶，集中统一烧毁，减少害虫越冬基数。

（3）化学防治：

①冬季清园：在剪除虫枝、枯枝、荫蔽枝，改善树体通风透光的前提下，可选用松脂合剂或松脂酸钠等药剂进行清园。

②防治成虫和低龄若虫：在成虫迁飞时和各代1～2龄若虫盛发期可进行喷药防治。药剂可选用10%吡虫啉可湿性粉剂1 500～2 000倍液加机油乳剂300倍液，或用25%噻嗪酮可湿性粉剂1 500倍液加机油乳剂300倍液，或用90%晶体敌百虫800倍液或80%敌敌畏乳油800倍液等。为提高药效和防抗药性产生，要注意交替轮换用药，在5月中下旬和7月中下旬的1、2代若虫发生高峰期，喷48%乐斯本（毒死蜱）乳油1 000～1 200倍液＋95%机油乳剂250倍液或10%吡虫啉可湿性粉剂1 500倍液或25%阿克泰水分散粒剂5 000～6 000倍液或3%啶虫脒乳油1 000倍液。

（4）保护利用天敌：推广果园生草栽培，禁止使用高毒高残留化学农药，创造有利于红点唇瓢虫、草蛉、寄生蜂、大赤螨和小黑蛛等天敌繁殖、生息、迁移活动的场所，以利用天敌防治黑刺粉虱。

（六）柑橘粉虱

1. 为害特点

以成、若虫聚集在嫩叶背面刺吸为害，其排泄物能诱发煤烟病，严重发生时会引起枯梢、落叶、落果。

2. 形态特征

成虫体淡黄绿色，雌虫体长约1.2毫米，雄虫约0.96毫米，翅2对，半透明，虫体及翅上均覆盖有白色蜡质，复眼红褐色，分上下两部分，中间有1个小眼联结。卵淡黄色，椭圆形，长约0.2毫米，表面光滑，以一短柄附于叶背。若虫期共4龄。1龄体长约0.3毫米，宽约0.2毫米，周缘有17对小凸起和约15对小刺毛，尤在虫体两端分布较密。2龄体长0.4～0.6毫米，体宽0.3～0.4毫米，周缘凸起不明显，小刺毛减至3对，即头部前方、后缘两侧和尾沟两边各一对，胸气管道隐约可见，尾沟长约0.05毫米，黄褐色。3龄体长0.6～0.9毫米，体宽0.5～0.7毫米，胸气管道明显发育，黄褐色，尾沟长0.1～0.15毫米，扁平的虫体以及胸气管道、尾沟和虫体分节所形成的凹凸，使虫体表面呈印章形。4龄体长0.9～1.5毫米，体宽0.7～1.1毫米，尾沟长0.15～0.25毫米，中后胸两侧显著凸出。蛹的大小与4龄幼虫一致，但背盘区稍隆起，且表面比较平滑，体色由淡黄绿色演变为浅黄褐色。

3. 发生规律

以4龄幼虫及少数蛹固定在叶片背面越冬。在浙江一年发生2～3代，上半年气温偏高的年份以3代为主，1～3代分别寄生于春、夏、秋梢嫩叶的背面。在第1代中发育比较迟缓的虫体常以4龄幼虫或蛹进入夏季滞育状态，盛夏过后羽化成虫并产卵于秋梢叶片，使全年发生代数减至2代。一年之中田间有各虫态，还有3个明显的发生高峰，其中以第2代的发生量最大。各代成虫盛发期分别出现在6月中下旬、8月中下旬、10月上中旬。成虫羽化后当日即可交尾产卵，未经交尾的雌虫可行孤雌生殖，但所产卵均为雄性。初孵幼虫爬行距离极短，通常在原叶上固定为害。

4. 防治方法

（1）防治适期与防治指标：

防治适期：第1代若虫盛发期（约5月中下旬），第2代若虫盛发期（7月中旬至8月上旬），第3代若虫盛发期（约9月下旬）。

防治指标：20%叶片或果实发现有若虫为害。

（2）农业防治：

①合理修剪，疏除过密春梢，剪除带虫（卵、若虫和伪蛹）枝叶，清除残枝枯叶，集中销毁。

②黄板诱杀。成虫羽化后，挂黄板，诱杀成虫。

（3）化学防治：药剂防治可参照褐圆蚧，防治时加入噻嗪酮或吡虫啉等药剂可提高防治效果。同时在药剂防治时还应注意以下几点：①对在若虫和成虫期用药，由于成虫羽化后当日即可产卵，而3、4代若虫又是寄生菌和寄生蜂的主要发生期，故用药在初龄若虫盛发期最为有效，对天敌影响也最小。②由于柑橘粉虱的发生期与多数盾蚧类害虫相近，也有多种药剂可兼治，应尽量与其他害虫的防治结合进行，以减少用药。③柑橘粉虱对多种药剂都比较敏感，尤其用于黑刺粉虱防治的药剂都有效，且药剂使用浓度还可适当降低，如10%吡虫啉WP 1 500倍或25%噻嗪酮WP 1 000倍或3%啶虫脒EC 1 000倍液。

（4）保护天敌：当园内缺少重要天敌时，可从其他果园采集带有座壳孢菌或寄生蜂的枝叶挂到树上。保护和利用粉虱座壳孢菌、扁座壳孢菌、柑橘粉虱扑虱蚜小蜂、华丽蚜小蜂、橙黄粉虱蚜小蜂、红斑粉虱蚜小蜂、刺粉虱黑蜂、刀角瓢虫和草蛉等天敌。

（七）蚜虫

1. 为害特点

蚜虫又名橘柚、火姆柚，是少核本地早新梢的主要害虫。成虫群集为害幼嫩组织，常造成春、夏、秋各梢嫩叶卷曲，严重时花蕾、幼果脱落，其分泌大量蜜露污染少核本地早叶片，致使诱发烟煤病和招引蚂蚁上树为害，影响天敌活动，降低叶片光合作用。严重影响少核本地早的树势和产量。蚜虫还是柑橘衰退病的传播媒介。

2. 形态特征

无翅胎生雌蚜，体长1.1～1.3毫米，漆黑色，复眼红褐色，触角6节，灰褐色。足胫节端部及爪黑色，腹管呈管状，尾片乳突状，上生丛毛。有翅胎生雌蚜与无翅型相似，翅2对白色透明，前翅中脉分三叉，翅痣呈淡褐色。无翅雄蚜与雌蚜相似，全体深褐色，后足胫节特别膨大。有翅雄蚜与雌蚜相似，雌触角第三节上有感觉圈45个。卵椭圆形，长约0.6毫米，初为淡黄色渐变为黄褐色，最后为漆黑色有光泽。若虫体褐色，复眼红黑色。

3. 发生规律

蚜虫在浙江一年约发生10代。以卵在寄生主枝上越冬，越冬卵3月下旬至4月上旬孵化为无翅胎生若蚜后，为害新梢、嫩枝、嫩叶，若虫经4龄成熟后即开始胎生幼蚜继续繁殖为害。繁殖1代平均约需10.6天，每头雌蚜能胎生幼蚜5～68头。繁殖最适温度为24～27℃，春夏之交发生量大，其次是秋冬季。春季晴热天气，温度高，雾天多，蚜虫发生早而重，反之气温过高或过低，雨水过多也不利其生存和繁殖。当气候条件不适宜、食料缺乏或虫口密度过大时，就会产生有翅蚜，迁飞其他条件适合的植株或寄主上取食和繁殖。有翅雌蚜和雄蚜于秋末冬初发生，交配后产卵越冬。

4. 防治方法

（1）防治适期与防治指标：

防治适期：春、秋嫩梢期（4月上中旬至5月上旬、8月中旬至9月下旬）。重点在春梢生长期和花期，其次是秋梢期，中心虫株尽可能人工摘除嫩梢。

防治指标：20%嫩梢发现有“无翅蚜”为害。

（2）农业防治：一般蚜虫多发生为害幼嫩部分，因此对于零星抽发的嫩梢，可通过抹梢给予摘除，从而达到阻断蚜虫的食物链，降低虫口基数的目的。

（3）化学防治：蚜虫零星发生避免使用化学农药，不得已要使用化学农药时，可使用对天敌影响较少的选择性杀虫剂，控制蚜虫为害。

①重点抓春梢生长期和花期，其次是秋梢发生期，中心虫株尽可能人工摘除虫梢。

②药剂可选用10%吡虫啉可湿性粉剂1 500～2 000倍液或3%农不老（啶虫脒）乳油1 500倍液均有很好效果。

（4）生物防治：蚜虫天敌种类较多，有食蚜瓢虫、草蛉、食蚜蝇、蜘蛛、寄生蜂和寄生菌等，是柑橘蚜虫发生重要制约因素。特别是食蚜瓢虫，分布比较普遍，常形成较大的种群，对控制柑橘蚜虫的大发生有重要作用。保护天敌，对防治蚜虫的危害有重要意义。春夏期间天敌数量较多，应尽量避免使用高毒、长效、广谱性杀虫剂。

（八）柑橘木虱

1. 为害特点

主要以若虫在嫩梢上吸取汁液，诱发煤烟病，以成虫为害叶片和嫩梢，影响光合作用。被害植株引起嫩梢萎缩，新叶扭曲畸形。它是柑橘黄龙病的传播媒介。

2. 形态特征

成虫自头顶至翅端长约 3 毫米，宽约 0.7 毫米，体灰青色且有灰褐色斑纹，被有白粉。头顶突出如剪刀状，复眼暗红色，单眼 3 个，橘红色。触角 10 节，末端 2 节黑色。前翅半透明，边缘有不规则黑褐色斑纹或斑点散布，后翅无色透明。足腿节粗壮，跗节 2 节，具 2 爪。腹部背面呈灰黑色，腹面浅绿色。雌虫孕卵期腹部橘红色，腹末端尖，产卵鞘坚韧，产卵时将芽或嫩叶刺破，将卵柄插入。卵似芒果形，橘黄色，上尖下钝圆，有卵柄，长 0.3 毫米。若虫刚孵化时体扁平，黄白色，2 龄后背部逐渐隆起，体黄色，有翅芽露出。3 龄带有褐色斑纹。5 龄若虫土黄色或带灰绿色，翅芽粗，向前突出，中后胸背面、腹部前有黑色斑状块，头顶平，触角 2 节。复眼浅红色，体长 1.59 毫米。

3. 发生规律

一年中发生代数与抽发新梢次数有关，每代历期长短与气温相关。一年发生 3 ~7 代。以成虫在寄主叶背越冬，在暖冬年份少量老熟若虫也可越冬，各个虫态全年可见，田间世代重叠。3 月至 4 月上旬开始产卵，4 月下旬为产卵高峰期；夏梢上产卵高峰期 5 月下旬、6 月下旬至 7 月上中旬；秋梢上产卵高峰期为 8 月下旬至 9 月中旬。越冬代成虫寿命可达半年以上。成虫产卵在露芽后的芽叶缝隙处，没有嫩芽不产卵。初孵的若虫吸取嫩芽汁液并在其上发育成长，直至 5 龄。成虫停息时尾部翘起，与停息面成 45°角。在没有嫩芽时，停息在老叶的正面或背面。在 8℃ 以下时，成虫静止不动，14℃ 时可飞能跳，18℃时开始产卵繁殖。木虱多分布在衰弱树上，这些树一般先发新芽，提供了食料和产卵场所。在一年中，秋梢受害最重，其次是夏梢，尤其是 5 月的早夏梢，被害后不可避免会爆发黄龙病。而春梢主要遭受越冬代的危害。10 月中旬至 11 月上旬常有一次晚秋梢，木虱也会发生。

4. 防治方法

（1）防治适期与防治指标：

防治适期：第1代、第2代若虫盛发期（4月中旬至5月下旬），第4代、第5代若虫盛发期（8月上旬至9月下旬）。

防治指标：5%嫩梢或20%叶片或果实发现有若虫为害。

（2）农业防治：

①做好冬季清园：冬季气温低，越冬的木虱成虫活动能力弱，喷药杀灭，能有效降低春季的虫口基数。

②统一品种，同一果园要求种植的品种要求一致，便于统一实施技术措施。

③加强肥水管理，使树体生长健壮，新梢抽发整齐一致，有利于统一时间喷药防治木虱。

（3）化学防治：药剂可选用10%吡虫啉可湿性粉剂1 000～1 500倍液、1.8%阿维菌素乳油2 000～3 000倍液、3%啶虫脒乳油1 000～1 500倍液、48%毒死蜱乳油1 000倍液等药剂交替使用。

（4）保护天敌：保护和利用瓢虫、寄生蜂、草蛉、蜘蛛和寄生菌等天敌。

（九）潜叶蛾

1. 为害特点

以幼虫潜入嫩梢叶片表皮下蛀食，为害幼芽嫩叶，形成弯曲银白色的虫道，使整个新梢、叶片不能舒展，被害叶卷缩、硬化，造成冬季叶片脱落，影响叶片光合作用。主要为害夏、秋梢，为害造成的卷叶常成为螨类等害虫的越冬和聚居场所。

2. 形态特征

成虫体长约有2毫米，翅展5.3毫米左右，触角丝状，体呈银白色。前翅尖叶形，有较长的缘毛，基部有黑色纵纹2条，中部有“Y”形黑纹，近端部有一明显黑点；后翅针叶形，缘毛极长。足银白色，各足胫节末端有1个大型距；跗节5节，第一节最长。卵椭圆形，长0.3～0.4毫米，无色，透明，壳极薄。幼虫体扁平，纺锤形，黄绿色，头部尖，足退化，腹部末端尖细，具有1对细长的尾状物。蛹扁平纺锤形，长3毫米左右，初为淡黄色，后变深褐色，腹部可见7节，第一节前缘的两侧及第二至第六节两侧中央各有1瘤状突起，上生一长刚毛，末节后缘两侧各有一明显肉刺，蛹外有薄茧壳，呈金黄色。

3. 发生规律

在浙江一年可发生9～10代，以蛹或老熟幼虫在被害叶上越冬。每年5月可见到成虫为害，7～9月是发生盛期，危害也严重。10月以后发生量减少。

成虫大多在清晨羽化，白天栖息在叶背及杂草中，夜晚活动产卵，趋光性强，交尾后于第二至第三天傍晚产卵，卵多产在嫩叶背面中脉附近，每叶产数粒。每头雌虫产卵40～90粒，平均60粒左右，田间世代重叠，各代发生时期随气温变化而异。孵化幼虫后，即潜入叶表皮下，在叶内取食叶肉，边食边前进，逐渐形成弯曲虫道。当蛀至叶缘处幼虫老熟，虫体就在其中吐丝结茧化蛹，常造成叶片边缘卷起。遇高温多雨时发生多，为害重，且苗木和幼龄树，由于抽梢多而不整齐，适合成虫产卵和幼虫危害，为害比成年树严重。

4. 防治方法

（1）防治适期与防治指标：

防治适期：夏、秋梢抽发期（7月中旬至9月上旬），嫩叶长0.5～1厘米以上时。

防治指标：嫩叶受害率在5%以上。

（2）农业防治：冬季和早春，剪除被害枝叶并集中烧毁。尽可能抹除晚夏梢和零星抽生的早秋梢，在大多嫩芽萌发时，统一放秋梢，使抽梢整齐。

（3）化学防治：成虫羽化期和低龄幼虫期是防治适期，防治成虫可在傍晚进行，防治幼虫，宜在晴天午后用药。药剂10%吡虫啉可湿性粉剂1 200～1 500倍液，48%毒死蜱乳油1 000倍液等或1.8%阿维菌素乳油2 000～3 000倍或90%灭蝇胺（潜蝇灵）3 000～4 000倍液。

（十）花蕾蛆

1. 为害特点

以成虫在花蕾直径2～3毫米时，将卵产于花蕾顶端，经过3～4天的卵期，幼虫孵出后为害花器，使花蕾变成黄白色，花丝花药成褐色，并产生粘液，花瓣变厚短，呈灯笼状而不能开放，形成畸形花不能坐果，严重影响产量。

2. 形态特征

雌成虫体长1.5～1.8毫米，翅展约2.4毫米，暗黄褐色，周身密被黑褐色柔软细毛，头扁圆，复眼黑色，前翅膜质透明披细毛，在强光下有金属闪光，翅脉简单。触角14节，念珠状，每节大部分有两圈放射刚毛。雄虫略小，体型似小蚊，触角哑铃状，黄褐色。卵长椭圆形，无色透明，长约0.16毫米，卵外有一层胶质，具端丝。幼虫长纺锤形，橙黄色或乳白色，老熟时长约3毫米，中胸腹面有一黄褐色“Y”形剑骨片。蛹黄褐色，纺锤形，长约1.6毫米，体表有一层胶质透明的蛹壳，近羽化时复眼和翅芽变为黑褐色，触觉向后伸到腹部第2节，3对是伸至第7腹节末端，腹部各节背面前缘有数列毛状物。

3. 发生规律

一年发生1代，以幼虫在土壤中越冬。现蕾时成虫羽化出土，刚出土成虫先在地面爬行至适当位置后，在白天潜伏于地面，夜间开始活动和产卵。花蕾直径3～5毫米，顶端松软的最适于产卵，卵产在子房周围，幼虫为害花器使花瓣变厚，花丝花药成褐色，并产生大量黏液以增强其对干燥环境适应力。幼虫在花蕾中生活约10天后爬出花蕾，弹入土中越夏越冬。阴雨天有利成虫出土和幼虫入土，故阴湿低洼果园和沙土及沙壤土果园有利于发生。

4. 防治方法

（1）防治适期与防治指标：

防治适期：花蕾露白时（4月上中旬），花蕾中后期（约4月下旬）。

防治指标：上年花蕾为害率6%或当年露白花蕾3%有卵寄生，中后期花蕾5%有卵寄生和幼虫为害。

（2）农业防治：每年的2月底至3月初对树冠附近的浅土层进行翻耕，有利于降低虫口基数。在成虫出土前地面用地膜覆盖，阻止成虫羽化出土和上树产卵，有较好的防治效果。

（3）化学防治：花蕾露白时树冠喷施和地面施药结合进行；花蕾中后期主要是树冠喷药。

在成虫出土时进行地面喷药，是阻止花蕾蛆上树为害的最有效的办法，喷药的时间为花蕾顶端开始露白前的3～5天。药剂可选用：花蕾露白期，每亩用50%辛硫磷乳剂0.25～0.3千克，对水70～80千克，进行地面喷洒；树冠喷药可选用50%辛硫磷乳油500～800倍液（宜在傍晚进行）或75%灭蝇胺乳油3 000～4 000倍液或80%敌敌畏乳油800倍液或48%毒死蜱乳油1 000倍液等树冠喷雾，隔5～7天喷1次，连喷2次。

（十一）卷叶蛾

1. 为害特点

为害柑橘的卷叶蛾，以拟小黄卷叶蛾和褐带长卷叶蛾两种为主，其幼虫俗称青虫，主要以幼虫为害新梢的嫩芽、嫩叶、花和果实，常吐丝将4～5片叶缀合在一起，形成虫苞在里面取食，故有丝虫、饺子虫之称。被害叶千疮百孔，也会蛀食幼果、花、花蕾，幼果受害后，常引发大量落果，对果实发育和当年产量造成很大的影响。

2. 形态特征

褐带长卷叶蛾，雌成虫体长8～10毫米，体暗棕色。雄蛾略小，深褐色。卵常数十粒至100粒产在一起，卵块排列如鱼鳞状，淡黄色，上覆胶质薄膜。幼虫老熟时长20～23毫米，1龄幼虫头及前胸背板黑褐色，腹部黄绿色，其他各龄前胸背板和足为黑色。蛹长 8～13 毫米，黄褐色。拟小黄卷叶蛾，雌成虫体长 8～9 毫米，翅展宽 17～18 毫米，黄色，两翅合并时形成带有“V”形的花纹。雄蛾略小。卵椭圆形，与褐带长卷叶蛾相似，但卵粒及卵块稍小，淡黄色。幼虫一龄时头部为黑色，其余为黄褐色，老熟时为黄绿色。成熟幼虫体长 18～22 毫米，头部及前胸背板黄褐色。蛹长 9～10 毫米，黄褐色。

3. 发生规律

褐带长卷叶蛾一年发生 4 代，以幼虫在卷叶、枯叶或叠叶中越冬，翌年 3 月下旬继续为害，4 月中下旬开始化蛹，羽化成虫，5 月幼虫开始为害嫩叶、嫩梢和幼果，9 月以后为害果实；成虫清晨羽化，傍晚交尾，卵块多于夜间产在叶片上。各代幼虫发生时间为：第 1 代 5 月中下旬，第 2 代 6 月下旬至 7 月上旬，第 3 代 7 月下旬至 8 月上旬，第 4 代 9 月中旬至次年 4 月上旬。拟小黄卷蛾每年发生约 6 代，以幼虫或蛹在卷叶苞内越冬，翌年 4 月中下旬羽化，卵块常产在叶背。两种卷叶蛾成虫都有显著的趋光性、趋化性。

4. 防治方法

（1）防治适期与防治指标：

防治适期：春梢期（4 月上中旬），幼果期（约 5 月下旬），果实膨大后期（9 月中下旬）。

防治指标：幼虫 3～5 头/株。

（2）农业防治：

①清园：剪除病虫枝与纤弱枝，清扫地面枯枝落叶，减少冬季越冬数量，降低春季发生基数。

②处理中心虫株：第 1 代幼虫有中心虫株现象，4 月上中旬巡视果园，及时摘除卵块和振动树冠捕捉幼虫。

③在 4～6 月用频振式杀虫灯诱杀。

④如发现卵粒全部变黑，幼虫行动迟钝，蛹僵直不动均为天敌寄生的表现，不要捏杀，予以保护。

（3）化学防治：在谢花期、幼果期和新梢期，当卵孵化 50% 左右时，可选用 1.8% 阿维菌素乳油 2 000倍液或 80% 敌敌畏乳油 800 倍液或 48% 毒死蜱乳油 1 000倍液或 90% 晶体敌百虫 800～1 000倍液等药剂防治 1～2 次。也可用黑光灯或糖醋液（红糖 1 份、黄酒 2 份、醋 1 份、水 4 份）诱杀成虫。

（十二）天牛

1. 为害特点

天牛俗称牛头野叉，是为害少核本地早的主要枝干害虫，尤其是沿海平原种植木麻黄防护林的为害更加严重，这跟木麻黄也是天牛的主要寄主植物有关。发生的天牛种类主要是星天牛和褐天牛，以幼虫先在根颈及根部皮层为害，约2个月后向木质部蛀食，形成弯弯曲曲的排泄道并向外排出木屑状虫粪，常造成大块皮层死亡，致使植株叶片斑驳黄化、枯黄、脱落，严重时会造成全株枯黄，1~2年后整株枯死，有点类似柑橘黄龙病发生的症状。

2. 形态特征

（1）星天牛：成虫体长19~39毫米，宽6~14毫米，赤黑色，有光泽。触角3~11节，每节基部有淡蓝色毛环，雌的触角与体长差不多，雄的触角是体长的两倍。前胸背板有3个瘤状突起，侧次突粗壮。鞘翅基部密布颗粒状的凸起，翅面由白色短茸毛组成的散布不规则排列的白色斑点。小盾片和足跗节淡青色。老熟幼虫体长40~60毫米，淡黄色，扁圆形。头黄褐色，上颚黑色，前胸背板前半部有2个黄褐色，后半部有块黄褐色略隆起的“凸”字形斑纹，虫体上披有很多短毛，胸足退化，中胸腹面、后胸第1节至第7节背腹两面及腹部均有移动器，也有称步泡突。卵长圆桶形，长5~6毫米，初乳白色，孵化时淡黄色，后变黄褐色。蛹长约30毫米，乳白色，老熟时呈黑褐色。

（2）褐天牛：成虫体长26~51毫米，体宽10~14毫米。初羽化时为褐色，后变为黑褐色，有光泽，并具灰黄色绒毛。前胸背板侧突尖锐，鞘翅肩部隆起。头顶复眼间有一深纵沟，触角与额中央有2条弧形深沟，呈括弧状。雄虫触角超过体长1/3~1/2，雌虫触角长度等于或略短于体长。卵椭圆形，长约3毫米，卵壳有网纹和刺突，初产时乳白色，孵化时变褐色。幼虫老熟时体长46~56毫米，乳白色，体呈扁圆筒形，头的宽度约等于前胸背板的2/3，口器上除上唇为淡黄色外，其余为黑色，3对胸足未全退化，尚清晰可见，中胸的腹面、后胸及腹部第一至七节背腹两面均具移动器。蛹淡黄色，体长约40毫米，翅芽叶形，长达腹部第三节后缘。

3. 发生规律

（1）星天牛：一年发生1代。以幼虫在被害树干基部或主根内的木质部内越冬。越冬幼虫于次年4月开始化蛹，在浙江台州5月开始羽化成虫，咬食细枝皮层，黄昏交尾，交尾后要经10~15天后产卵，卵多产在树干近地面部分，树皮被咬成“L”或“⊥”形裂口，产卵其中，产卵期长达一个月。卵期7~14天，于6月中旬开始孵化，7月中下旬为孵化高峰。幼虫孵出后，即从产卵处附近的皮层蛀食，不久向下蛀食于表皮和木质部之间，形成不规则的扁平虫道，虫道中充满虫粪。一个月后开始向木质部蛀食，蛀至木质部2~3厘米深度就转向往上蛀，蛀的高度不一，但蛀道加宽，并开有通气孔，便于通气和排出粪便。9月下旬后，绝大部分幼虫转头向下，顺着原虫道向下移动至蛀入孔后，再开辟新虫道向下部蛀食，并在其中为害和越冬，整个幼虫期长达10个月。清明节前后多数幼虫凿成长35~40毫米，宽18~23毫米的蛹室和直通表皮的圆形羽化孔，虫体逐渐缩小，不取食，伏于蛹室内，4 月上旬气温稳定到 15℃以上时开始化蛹，5 月下旬化蛹基本结束。

（2）褐天牛：以幼虫蛀食主干和主枝。在浙江台州每 2 年完成 1 个世代。幼虫期长达 20 ~ 23 个月，以成虫和幼虫在树干内越冬。一般 7 月上旬以前孵化的幼虫，当年以幼虫在树干蛀道内越冬，翌年 8 月上旬至 10 月上旬化蛹，10 月上旬至 11 月上旬羽化为成虫，在蛹室内越冬，第三年 4 月下旬成虫外出活动。8 月以后孵出的幼虫，则需经历 2 个冬天，到第三年 5 ~ 6 月化蛹，8 月以后成虫外出活动，故越冬虫态有成虫及二年和当年的幼虫。田间 4 ~ 8 月均有成虫出洞，以 4 月底至 5 月初为出洞盛期。成虫出洞后，在上半夜活动最盛，白天多潜伏于树洞内，尤其雨前天气闷热，出洞活动也多。成虫在 5 ~ 9 月均有产卵，但以 5 ~ 6 月产卵为主。卵多产于树干上的裂缝内、洞口边缘及树皮凹陷不平处，每处产卵 1 粒，个别 2 粒。从距地画 33 厘米的主干至 3 米高的侧枝上都有分布，但以近主干分叉处产卵的密度最大。初孵幼虫先在卵壳附近皮层下横向蛀食，开始蛀入皮层时，有泡沫状物流出。在皮层中取食 7 ~ 20 天后，幼虫体长达 10 ~ 15 毫米时，即开始蛀入木质部，通常先横向蛀行，然后多转为向上蛀食。不同幼虫的龄期，从洞口排出的虫粪特征也不一样。低龄幼虫的虫粪，一般呈白色粉末状，并附着于被害孔口外；中龄幼虫的虫粪呈锯木屑状，且散落于地面；高龄幼虫的虫粪呈颗粒状，若虫粪中夹杂有粗条状木屑，则表示幼虫已老熟，开始作蛹室。虫道长度，当年生幼虫为 10 ~ 20 厘米，二年的幼虫为 33 ~ 43 厘米。在化蛹前，虫道上会咬出 3 ~ 5 个气孔与外界相通。气孔外面留有一层树皮未咬穿，但其上密布有蜂窝状小孔。成虫的虫粪为灰色粉末状的木屑。

4. 防治方法

（1）防治适期与防治指标：

防治适期：5 ~ 10 月。

防治指标：有危害即治。

（2）农业防治：加强栽培管理，保持树干光滑，树势健壮，剪除被害枝，以减少虫源；在成虫大量出洞时期，及时捕捉成虫；检查天牛喜产卵的部位和初孵幼虫为害症状（为害处有流胶），剔除幼虫和卵，发现树干基部有鲜虫粪时用铁丝钩杀，5 月发现有虫粪排出时钩杀幼虫；6 ~ 7 月捕捉成虫，刮杀主干和枝干上的卵块、初孵幼虫；8 ~ 10 月用钢丝钩杀幼虫。

（3）化学防治：当钩不出幼虫及成虫活动盛期时，可用棉花醮 80% 敌敌畏乳油或其他农药等原液塞入虫孔，再用湿泥封堵虫孔毒杀。也可掺和适量水和黄泥，搅成稀糊状，涂刷在树干基部或距地面 30 ~ 60 厘米的树干上，可毒杀在树干上爬行及蛀咬树皮产卵的成虫和初孵幼虫。另外也可在成虫产卵盛期，用涂白剂涂刷在树干距地面60厘米以下，防止成虫产卵。

四、主要缺素症的防治

少核本地早的生长结果，需要吸收大量的营养元素，才能满足需要。其中需要量较多的是碳、氢、氧、氮、磷、钾、钙、镁、硫、铁等大量元素；需要量较少的是硼、锰、锌、铜等微量元素。碳、氢、氧来源于空气中的二氧化碳和水，其余元素来源于土壤和肥料中。为满足正常的生长发育，土壤不仅要施氮、磷、钾、钙、镁等大量元素，还需施硼、锰、锌、铁、铜、钼等多种微量元素。少核本地早常见的缺素症：海涂果园缺铁症，主要表现为嫩梢黄绿、纤弱；树冠发黄，果实小而硬，皮粗和果实黄化；丘陵山地和平原易发生缺硼症，尤其丘陵山地的强酸性土壤（pH值小于5.5），还会出现锰、锌、镁、铜等缺素症，同时施用氮、磷、钾过多，还易出现镁、钙等元素缺乏。目前常见缺素症有以下几种。

（一）缺硼症状与防治

1. 症状

缺硼会引起新梢叶片生长不良，出现大量落花落果，对当年产量和树势生长影响较大。叶脉肿大，背面叶脉木栓化开裂，整个叶片古铜色乃至黄色，并向后反卷，叶肉较脆，无光泽，嫩叶上有斑点，叶片逐渐老化变为透明或半透明的斑。缺硼严重，叶片脱落，枝条枯死，植株直生和丝枝状，有的树出现萎蔫现象，果实果皮变厚，白皮层变褐色，果皮韧而不脆，果实小，较坚硬，畸形，在果心周围充塞胶体，果实易脱落。叶片症状在早春较明显，如多雨则症状不明显，当叶片中的水溶性硼在15毫克/千克以下时，即显示缺硼症状。由于淋溶作用，土壤中的可溶性硼（水溶性硼和酸溶性硼）常遭到严重的淋失。一般砂土比黏土，酸性土比碱性土的损失重。另外，肥培和土壤管理不当，过多地施用氮、磷、钙肥或土壤中含钙过多，土壤过干过湿均易产生缺硼。一般砂性和酸性较强的山地橘园常发生缺硼。

2. 原因

土壤中含过量钙或施石灰过多，夏、秋季干旱，均会出现缺硼症状。此外，丘陵地区的红壤或黄壤，土壤酸性强，有机质含量少，有效硼含量低，会出现缺硼症状。丘陵山区及部分沿海平原果园也有缺硼症状发生。

3. 矫治方法

（1）叶面喷硼：春梢期及开花盛期各喷0.1%硼砂液1次，也可加入0.2%尿素、0.3%过磷酸钙或3%草木灰浸出液。严重缺硼的园块在幼果期或壮果期再喷 0.1% 硼酸液 1 次。

（2）土壤施硼：土壤施用硼酸或硼砂，可结合其他肥料施用时一并施入，株施硼酸或硼砂 15～20 克。

（3）合理施肥：一是避免施用过多的氮、磷、钙肥。二是对有机质含量低的土壤，增施厩肥或含硼较高的农家肥料及绿肥等，改善土壤团粒结构，提高土壤有效硼的含量。三是酸性土壤中，不宜过多施用石灰。

（二）缺铁症状与防治

1. 症状

铁不是构成叶绿素的成分，但影响叶绿素的形成。当叶片活性铁含量低于 40 毫克/千克时，植株就产生缺铁症，表现叶片黄化，光合作用功能降低，新梢嫩叶生长受到抑制，严重时提前落叶，出现枯梢，果实不能正常发育，着色不良，味酸，品质变劣，沿海果园发生较为明显。

2. 原因

在碱性土壤里，由于碳酸钙或其他碳酸盐过多，特别在天气干旱情况下，铁素容易被固定，成为不溶性化合物而不能被植物吸收利用。其次，磷、锰、铜等元素过量吸收，也使铁氧化而失去活性，致使铁离子吸收和运转困难。再是春季低温多雨，光照不足，橘园积水，土壤通气不良情况下，也会引起缺铁。最后，砧木耐盐碱性的强弱亦对缺铁症的产生密切相关，如枳砧少核本地早在碱性土壤中易发生缺铁症，特别是海涂果园表现最明显。pH 值超过 8.2 时，土壤含碳酸钙或其他碳酸盐过多，使三价 Fe 不能还原为二价 Fe，铁素被固定成不溶解的化合物，导致根系难以吸收而发生缺铁症。而枸头橙和本地早砧木的少核本地早，表现较强的耐盐碱性，缺铁症状发生也较轻。

3. 矫治方法

（1）改良土壤：深翻压绿，增施有机肥，改良土壤是矫治缺铁症的最基本方法。首先要做好开深沟排盐防涝，其次结合深翻多施猪牛栏肥、土杂肥、绿肥及酸性肥料等进行改土。

（2）埋瓶吸铁：对于缺铁黄化，可采用埋瓶吸铁法，对克服柑橘黄化有较好的效果。一般在 4 月中旬至 9 月上旬，对黄化的橘树选用直径 0.2～0.3 厘米粗的根，剪断后插入盛有柠檬酸和硫酸亚铁混合液的小瓶里（青霉素瓶），埋入土中，每株埋 3～5 瓶。

埋瓶时间春、夏、秋均可，浓度随季节而变动，用量随树冠大小、树势强弱而变化。硫酸亚铁、柠檬酸、水之比，春季用 12∶8∶100，夏季用 6∶4∶100，秋季用 9∶6∶100。成年树一般每株埋 5 瓶，幼树及生长衰弱的橘树酌情减少。

（3）叶面喷铁：生产上普遍采用叶面喷施硫酸亚铁加柠檬酸溶液矫治缺铁症，即0.3%硫酸亚铁溶液加0.1%柠檬酸，或选用禾丰铁（高浓度液体螯合铁肥）2 000～3 000倍液，喷嫩梢黄叶，该方法简单，效果也不错。

（三）缺锰症状与防治

1. 症状

锰是树体内多种酶的成分和活化剂，在光合作用过程中起着重要作用，影响叶绿素形成和体内代谢。缺锰时，叶绿素形成受阻，发生花叶，严重时影响叶片寿命，在冬季出现大量落叶，使柑橘产量降低，品质变劣，但叶片大小正常，初期中脉和主侧脉呈深绿色和不规则白色，脉间区为淡绿色，使叶片变薄；茎尖干枯，新梢生长减少；果实较小，柔软色淡。缺锰严重时，沿中脉和主脉呈暗绿色或淡黄绿色，引起叶片提早脱落，新梢生长受到抑制，甚至出现小枝枯死；如兼有缺锌，小枝枯死则更多。柑橘叶片含锰在20毫克/千克以下时，就表现缺锰症状。尤其枸头橙砧少核本地早较易发生。

2. 原因

土壤中锰流失多，有效态锰少，酸性土壤或碱性土壤均由缺锰症发生，尤其强酸性土壤锰的流失更为严重。碱性土壤由于pH值高，容易使锰变成不溶状体而被固定，不能被植物吸收利用。土壤干旱也会造成有效态锰缺乏。

3. 矫治方法

（1）叶面喷锰：当柑橘叶片显现缺锰症状时，在生长季节喷0.2%～0.3%硫酸锰加1%～2%生石灰混合剂，配石灰既可防药害，又增加药液在叶片上附着力，有利于锰的吸收，提高利用率。

（2）增施有机肥：土壤增施厩肥或绿肥，掺施硫黄粉（每株1～1.5千克），降低pH值，提高土壤中有效态锰的含量。

（3）选用代森锰锌防病：对柑橘疮痂病、黑点病等病害，选用代森锰锌进行防治，也可进行补锰。

（四）缺锌症状与防治

1. 症状

锌在树体内有辅助酶的功能，缺锌的叶片使叶绿素形成受到阻碍，根系变细，树体生长衰弱，产量和品质明显下降。新梢叶片的主脉及主要侧脉大部分保留绿色，其余部分均为黄绿色或黄色，有的叶片则在绿色的主侧脉间出现黄色或淡黄色斑点。缺锌的典型症状是斑驳小叶。首先在成叶上出现斑点，蔟生叶则发生在顶端幼叶部分；叶小，叶片卷曲成波状或皱缩向下卷，多直立；新梢节间短，枯枝多；花芽分化不良，花蕾脱落严重，果小，果皮光滑而色淡，果肉木栓化，汁少而味浓。

据分析，柑橘结果枝叶片（4～10个月叶龄）中，锌含量在15毫克/千克以下时，出现缺乏症状。在微酸性（pH值6.0）至强酸性（pH值4～5）的土壤中，锌变为不易溶解的化合物，影响植株的吸收利用。当施磷肥过多时，由于磷的拮抗作用会使锌的吸收受到抑制。土壤缺锌时，若大量施用氮肥，使植株迅速生长，会导致枝梢叶片严重缺锌。

2. 原因

在弱酸性至强酸性土壤中，锌常变为不易溶解的化合物。pH值小于6.0的酸性土壤和pH值大于7.8的碱性土壤，含锌成可溶状态，锌离子含量低，且易流失。种植多年的少核本地早园，土中原有锌被吸收殆尽，施用氮肥较多时，植株生长迅速，土壤含锌不足。如磷、钾施用过多，镁、钙元素缺乏，伤根过多，土壤过干、过湿、有机质含量少及重剪等情况，也易发生缺锌症。

3. 矫治方法

（1）改良土壤：是防治缺锌的根本方法，在酸性土壤中应增施有机肥料，如多施土杂肥、栏肥及碱性肥料，以提高土壤的缓冲性，增加可溶态锌的供应。

（2）叶面喷锌：在春梢抽发期，喷施0.1%～0.3%硫酸锌+0.1%石灰混合液，或结合病害防治，选用代森锌或代森锰锌等喷施。

（3）土壤施锌：一般株施硫酸锌30～50克，由于锌的移动性小，应均匀施于环状施肥穴内。

另外对缺镁、钙等而引发的缺锌，必须同时进行补镁、补钙，才能获得较好效果。对石灰性土壤可施用硫酸铵、硫酸钾等酸性肥料，以减轻缺锌程度。

（五）缺镁症状与防治

镁是叶绿素的构成成分，柑橘对镁的需要量也较其他微量元素大。据叶片分析表明：正常树柑橘叶片含镁在0.7%以上，而有缺镁症状的叶片含镁量只有0.05%～0.2%，且镁在土壤中容易流失，特别在酸性土壤中流失更严重。另外，施用钾肥和磷肥过多，也会引起镁素的缺乏。

1. 症状

缺镁全年均可发生，而以夏末及秋季果实近成熟时发生最多。在老叶和幼果附近叶片表现最为明显，这是因为幼嫩组织生长需镁较多，老叶中的镁被转移的缘故。缺镁初期症状是在果实附近叶片上沿中脉两侧出现不规则的黄色斑点，以后斑点横向扩展，使叶片出现肋骨状黄白色，再继续扩大时，叶片大部分都变成黄色，仅在中脉基部保持三角形绿色区，成倒“V”字形，最后全叶发黄，提早脱落，常出现隔年结果现象。

2. 原因

由于柑橘对镁的需要量较大，而在酸性土壤和沙质土壤，镁易流失，土壤中的代换性镁含量降低，常造成缺镁症状。此外磷、钾肥施用过多会影响橘树对镁的吸收，也会引起缺镁。在山地果园中，由于土壤酸化严重，缺镁症状发生更加严重。

3. 矫治办法

（1）叶面喷镁：在新梢生长期，喷施0.2%的硫酸镁，每隔10～15天喷1次，连喷2～3次，对轻度缺镁，见效较快。

（2）施用镁肥：在多施有机肥改良土壤的基础上，可根据土壤缺镁的程度，适当增施镁肥，可有效矫治缺镁症。对土壤酸性（pH值6.0以下）的山地果园，每株施0.75～1千克钙镁磷肥，并适当增施石灰。对土壤微酸性（pH值6.0以上）的果园，每年每亩应施硫酸镁10～20千克，可跟农家肥混合施用。同时，避免过多施用磷、钾肥，在钾素、钙素有效度高的果园，酌情施镁肥。

（六）缺氮症状及矫治

1. 缺氮症状

氮是树体生命活动的基础物质，是影响柑橘生长和产量最重要的营养元素。氮素的缺乏会使树势衰退，新梢的生长和果实发育受到抑制。当叶片含氮量低于2%时，植株就表现缺氮症状。

2. 原因

柑橘缺氮症一般发生在土壤瘠薄，管理不当或施肥极少的橘园。在多雨季节，橘园积水，土壤硝化作用不良，致使可给态氮减少，或根群受涝吸收能力降低，施钾素过量或夏季降雨量大，土壤一次施用石灰过多，影响了氮素的吸收。砂质土壤，由于保肥力差，致使土壤氮素大量流失等，均会产生缺氮症。

3. 矫治方法

（1）土壤追肥或根外追肥：当柑橘新叶由缺氮而产生黄色时，土壤及时追施尿素等氮肥。或采用根外追肥，喷施0.2%～0.3%的尿素溶液，每隔5～7天喷一次，连喷2～3次，即可有效矫治。

（2）加强土壤田间管理：对位于山坡地的橘园应做好土壤覆盖，防止氮素淋失。一般要求在雨季前利用山草进行树盘覆盖。对于砂质土壤的柑橘园，冬季加培肥沃的塘泥或田土，以提高土壤保肥能力。平地橘园，要注意搞好开沟排水，避免雨天积水。

（七）缺磷症状及矫治

1. 缺磷症状

磷是细胞分裂所必需的物质，在柑橘的花、种子和新梢的生长点等生长活跃部位，均有大量的集积。因此，缺磷会影响新根发生，从而影响对氮、钾等主要元素的吸收，容易并发其他元素的缺乏症。柑橘缺磷比较少见，通常在花芽和果实形成期开始发生，老叶由深绿色变为淡绿色，至青铜色，无光泽，有的叶片在不同部位出现不规则形枯死斑或褐斑，易早落，新梢叶小而差，叶片少，开花也少，花而不实。严重缺磷时，下部老叶出现紫红色，新梢停止生长，形成的果实皮粗而厚，果实空心，味酸汁少，品质差，易形成小老树。

2. 原因

磷在土壤中虽不易流失，但容易与铁、铝、钙元素结合成难溶性的磷酸盐，而不易被根系吸收，尤其在磷吸收系数高的酸性红壤橘园，易生成难溶性的磷酸盐而被土壤固定，而发生缺磷症。施过量的氮，砧穗组合不佳，缺镁，土壤干旱以及长期不施磷肥的园地，也可能引起缺磷。

3. 矫治方法

（1）土施磷肥：土壤施磷是解决磷素缺乏最有效的方法。对土壤含磷量较低的红壤橘园，可在春季与有机肥料混合深施，或将磷肥作基肥，同时有机肥料混合堆沤后深施，也可单独穴施在根际附近，每年株施0.5～1千克的过磷酸钙或钙镁磷肥。

（2）叶面喷磷：如果土壤表层固定磷的能力很强，柑橘根系分布又较深，土施的磷肥不能被吸收利用，可改用叶面喷磷或选择0.5%～1%的过磷酸钙浸出液或0.3%～0.4%磷酸二氢钾，每隔7～10天喷一次，连喷2～3次，以提高对磷的吸收能力。

（3）加强土壤管理，对强酸性土壤，适施石灰，调节酸度，注意做好抗旱、灌水，以提高磷素的吸收利用率。

（八）缺钾症状及矫治

1. 缺钾症状

钾能促进碳水化合物和蛋白质的转化，提高光合作用能力，缺钾会使树体生长受到严重抑制，产量降低；钾能促进果实膨大，在果实膨大期供钾不足，果实发育不良，果实变小，果皮薄而光滑，味酸淡，容易裂果和落果；缺钾还导致抗旱、抗寒和抗病能力降低，严重影响果实品质。当叶片含钾量在0.3%以下时，就显示出缺钾症状。

2. 原因

钾与钙、镁相拮抗，使钾的有效性降低，缺钾也与钾素从土中流失、土壤干旱、砧木品种等有关，钾随地表水流失，砂质土、冲击土和红壤土都会缺钾，特别是机质含量低的沙质土壤流失更多。此外，土壤养分的不均衡，果园排水不良或过于干旱，土壤酸性重，尤其过量施用氮、钙、镁等，均会影响钾的吸收和利用。

3. 矫治方法

（1）土壤施钾：一般在夏季增施钾肥，以补给钾的不足，但一次施用量不宜过多，成年树每株施硫酸钾0.5～1千克或草木灰5～10千克，可有效满足树体对钾的需要。

（2）叶面喷肥：在果实膨大期需钾量较大，会将叶片中的钾不断运往果实，使叶片出现严重缺钾。采用叶面喷钾，既可矫治缺钾，又可减轻裂果。一般选用0.3%的磷酸二氢钾或高钾叶面肥，在夏秋早晚，每隔7～10天喷一次，连喷2～3次，既可提高果实品质，又可有效防止缺钾。

第十二章　少核本地早的采收和贮藏

一、果实采收

为生产出高品质少核本地早，应在少核本地早蜜橘达到固有品质后采收，果实呈深橙黄色，可溶性固形物含量11%以上。一般在11月20日开始采收。采收要严格遵守“柑橘采摘十大注意”，采收后果实需经选果机清洗防腐分级处理后，再用5～10千克彩色纸质包装箱销售。

果实采收是柑橘年周期的一项重要内容，对做好贮藏运输和采后销售非常关键。这项工作做得好坏，直接影响果品质量和贮藏效果，同时还与树势的恢复和翌年的产量有很大关系。认真做好采收工作，也是实现丰产丰收重要的一环。

1. 采收工具

（1）果篮：大小适中，内壁光滑，内垫柔软物。

（2）果剪：园头平口，刀口锋利。

（3）人字形梯凳。

2. 采收条件

（1）果实成熟度：果面着色率达到80%以上。

（2）采收前15天内，应停止灌水、喷水。

（3）采收期间，遇霜、露、雨水未干和雾天不采，大风大雨后隔2天采。

（4）采收时期的确定：采收期应依据气候条件及设施栽培差异有所区别。采收过早，果实未完全成熟，着色不好，味偏酸而淡，贮藏后容易失水，果皮萎缩严重，贮藏性差，同时，还影响当年产量和品质。采收过迟，易发生冷害，出现浮皮、枯水、腐烂等，降低品质，不耐贮运，同时不利于采后树势的恢复，影响次年产量。采收期的确定要根据少核本地早的品种特性，当果皮呈现该品种固有色泽时采收为宜。如鲜食用的果实，成熟度可高些，要求果色达到该品种固有的色泽，风味和香气俱佳时采收。对需贮藏和外贸出口的果实，着色八成熟就可采收。

3. 采收方法

（1）由外到内，由下而上依次进行。有条件的树冠顶部、中部、下部分开放置。

（2）采果者应剪平指甲。采果时不可攀拉果实，遇到采果不便处，可用一刀两剪法，把果蒂剪平，防止机械损伤。

（3）伤果、落地果、泥浆果、病虫害、畸形果、烂果必须另外放置，不得留在橘园内，枯枝等杂物不得混在果中。

（4）采下的果实不可随地堆放，不可日晒雨淋。为提高采收质量，减少损耗，橘农在生产实践中制定了“柑橘采收的十大注意”。

①采果用的旧箩筐都要垫上粗纸或布，避免果实摩擦而受伤。

②采前应剪指甲，以免刺伤果实。

③霜、露、雨水未干不采收，大风大雨后应隔 1 ~ 2 天采。

④随带橘凳，严禁攀枝拉果，防止揭蒂伤果。

⑤选黄留青，分批采摘。

⑥橘蒂要剪平，并防剪刀伤。

⑦橘枝、杂物不要混入橘果中，以免刺伤果皮。

⑧伤果、落地果、粘泥果及病虫果，必须分开堆放，优劣等级要在园内初步分开，以免多次翻动。

⑨采下的橘果切勿倒在地上，不要日晒雨淋。

⑩轻拿轻放，不可倾倒。浅装轻挑，防止碰压。

二、果实分级

分等分级

要求少核本地早（柑橘）各等级果具有该品种成熟后固有的色泽、香气和正常风味。

1. 分等

少核本地早（柑橘）鲜果按外观、可溶性固形物和可食率指标分为Ⅰ等、Ⅱ等和Ⅲ等，达不到Ⅲ等指标的，均为等外果，见表 12－1。

表 12－1　少核本地早质量等级

项目	Ⅰ等	Ⅱ等	Ⅲ等
果形	端正、扁圆形或高扁圆形		
色泽	橙黄色或深橙黄色	橙黄色	橙黄色

（续表）

项目	Ⅰ等	Ⅱ等	Ⅲ等
着色率（%）	≥90	≥80	≥80
果面光洁度等		果面光洁、无机械伤和深疤	
日灼、病虫斑等附着物占果面总面积的百分比（%）	≤6	≤7	≤10
可溶性固形物含量（%）	≥10.5	≥10.0	≥9.5
可食率（%）		≥70.0	

2. 分级

少核本地早依据单果的横径分为L、M、S级，大于L级和小于S级的均为等外品，见表12－2。

表12－2　少核本地早大小等级

项目	品名	L级	M级	S级	等外
横径（毫米）	少核本地早	46≤d＜50	41≤d＜46	36≤d＜41	d≥50或d＜36

三、贮藏保鲜

贮藏保鲜对适应国内外市场和加工的需要，延长鲜果供应，提高产品附加值，具有十分重要的意义。但果实在贮藏保鲜过程中，会引起果实失水、腐烂，造成果实重量的减轻、果实外形及风味的变化。为使橘果在贮藏期间维持较好的品质和减少腐烂损失，必须抓好果实采收关和采取防腐保鲜措施，改善贮藏条件，控制采后生理变化，以确保贮藏果实品质。

（一）果实采后生理

柑橘果实采收后，其化学成分和生理机能都会发生一系列复杂的变化，这些变化直接影响果品质量和贮藏性能。因此，控制和延缓果实中化学组分及生理变化过程，对做好贮藏保鲜有十分重要作用。

1. 果实的成分及其变化

（1）果汁：鲜橘果因含有大量的果汁而显得新鲜饱满。一般果汁含量为55%～60%，随着贮藏时间的延长，果汁含量相应也在减少。

（2）糖：糖是柑橘果实贮藏中主要的呼吸基质，也是果实甜度的主要衡量指标。一般全糖含量10%左右，还原糖3%左右，随着贮藏期间的消耗，会逐渐减少，如果贮藏条件适宜，糖分就消耗得慢，贮藏品质就好，贮藏时间也可延长。

（3）有机酸：柑橘果实所含有机酸一般指柠檬酸。少核本地早等宽皮橘类果实含酸最一般为0.6%～1.0%，果实采收时含酸量较高，随着贮藏时间延长，含酸量也逐渐下降。

（4）维生素：橘果中所含的维生素是多种多样的，主要是含维生素C（抗坏血酸），其次是维生素A_1、维生素A_2、维生素B_1、维生素B_2。其中，维生素C含量多，营养价值高，对人体保健作用大。一般宽皮橘含维生素C 25～40毫克/100克，在贮藏条件下，果实维生素C较为稳定，贮藏100天，基本不变。

2. 果实的呼吸作用

果实采下后，仍是一个活的有机体，需不断进行新陈代谢，分解和消耗其内在的各种物质来维持生命活动。因此，果实采后呼吸作用还是照常进行的，如何控制这一过程，对做好贮藏十分重要。

（1）呼吸作用：呼吸作用分为有氧呼吸和缺氧呼吸。有氧呼吸是指果实中复杂的有机物质在酶的作用下，分解成简单的有机物质，并释放热量，这种热量少部分被橘果细胞利用，而大部分以热的形式扩散到周围空间中，这种热又叫呼吸热。在贮藏中如通风不良，橘堆过高过大，呼吸热不易扩散，桔堆内温度升高，反而加强了呼吸作用的强度，轻者造成有机物质大量消耗，风味变淡，严重者使橘果腐烂变质。

在橘果贮藏中，当氧气不足（<2%）时进行无氧呼吸，呼吸基质不能彻底氧化，产生了各种不完全的产物，往往积累了酒精、乙醛等中间产物，对橘果细胞会造成毒害作用，引发果实的生理性病害。缺氧时所释放的热能比有氧呼吸少24倍左右，这对贮藏也不利。

实际上橘果细胞组织中，有氧呼吸和缺氧呼吸都是一种生理现象。许多研究者指出，增强有氧呼吸时，缺氧呼吸也同样加强。我们认为橘果采后的有氧呼吸与缺氧呼吸同时并存，橘果采后的呼吸先经过不吸氧的呼吸阶段，形成丙酮酸（$CH_3-CO-COOH$），以后丙酮酸的变化取决于环境条件和细胞组织的氧化活性，在缺氧的情况下，丙酮酸分解为二氧化碳（CO_2）和乙醛（Cha－CHO），乙醛被还原成酒精（$CH_3-CO-COOH$）。而在有氧的情况下，丙酮酸经过一系列的复杂变化，变成水和二氧化碳。由此可知，橘果在呼吸过程中消耗的主要原料是糖，其次是有机酸。在氧气供应不足时，橘果中含氧较多的有机酸首先被消耗，改变了果实的糖酸比，影响了果实原来的风味和品质，同时减轻橘果的重量，促进橘果细胞组织衰老。在氧气充足时，果肉细胞组织内，也有微量缺氧呼吸的产物存在，不易改变果实的糖酸比，还能维持果实的生命活动，并能增强对病害的抵抗力。

（2）影响呼吸作用的因素：为有利橘果贮藏，必须降低呼吸作用的强度，减少营养物质的消耗，才能延长贮藏期，影响呼吸作用主要因素如下。

①温度：据（日）绪方邦安指出，在适宜温度范围内（5～10℃），温度每升高1℃，呼吸量增加0.2倍。预示着适宜温度中，温度愈低，果实的呼吸作用越缓慢，对预防生理病害发生，保持果实风味品质，延长贮藏期有重要作用。但当温度下降到2℃以下时，会影响果实的糖酸比和品质。

②湿度：在过湿条件下贮藏橘果，果皮呼吸作用旺盛，会与果肉之间产生间隙。高湿时间过长，果汁很快消失，呈皱缩状态，易形成浮皮果或细胞变褐，直至腐烂。但也不能过于干燥，过分干燥失重快，严重影响果实外观品质。一般要求相对湿度保持在85%左右，才能抑制呼吸强度。

③空气：果实的呼吸作用就是缓慢的氧化作用，果实不能在无氧中生活。在橘果贮藏中，氧气、二氧化碳气体的含量一般较大气中氧气少2%、二氧化碳多1%～2%。除氧气和二氧化碳外，空气中的刺激性气体，包括果实成熟或腐烂中释放出的乙烯、乙醇等，都会提高呼吸作用的强度。因此，橘果在贮藏中应做好通风换气。

④其他因素：橘果如有机械伤等，呼吸也随之增强，不利贮藏。同时受伤的果实，会给微生物的侵染创造条件，会促进呼吸作用，也不利贮藏。

（二）防腐保鲜

为确保贮藏期间果实的新鲜度和防止果实腐烂，除与果实生产期间对肥、水、土和病虫防治等栽培管理有关外，采收和采后的防腐保鲜处理也十分关键。

1. 常用防腐保鲜剂种类、使用浓度

目前，常用的防腐保鲜剂有以下4种。

①50%抑霉唑乳油2 000～2 500倍液或70%托布津700～1 000倍液。

②45%咪鲜胺乳油1 500～2 000倍液或50%咪鲜胺氯化锰可湿性粉剂（施保功）1 500～2 000倍液。

③40%双胍辛胺乙酸盐（百可得）可湿性粉剂1 500～2 000倍液。

④2，4－D粉剂100～150毫克/千克。

2. 防腐保鲜方法

防腐保鲜的处理方法目前有两种：采前喷药和采后浸果。

（1）采前喷药：采前3～5天，通常选择一种防腐剂进行树冠喷洒，采后果实就不用药剂处理。

（2）采后浸果：选用一种或多种防腐保鲜剂配成混合液，在采后24小时内将果实在药液中浸1～3分钟，取出晾干。

（三）鲜果贮藏

为了调节市场，延长鲜果供应，提高经济效益，进行柑橘鲜果贮藏，可选用通风库贮藏、简易常温库房和民房贮藏。

1. 通风库贮藏

通风库贮藏是在良好的隔热与灵活的通风设备条件下，利用自然降温，使库内保持比较稳定而又适宜的贮藏环境。只要结构合理和善于管理，都能取得较好的效果。库址应选择靠近果园而交通运输方便的地方，以减少运输而造成的机械损伤；地势高燥，排水良好，库底应距最高水位1米以上，通风条件要良好，使贮藏期间能迅速调节温度。库址的外围有条件尽量开阔，有利通风。除通风好外，还要选择温差小、较阴凉的地方。此外，贮藏库应坐北朝南，进风口设在北面，有利于冷空气引入库内，以降低库温。

（1）贮前准备：为了提高贮藏效果，贮藏前必须对果实“吹风”，也叫发汗或预贮。果实的“发汗”就是橘果采下后，装入盛果容器（专用塑料箱）中，放在比较干燥通风的环境下3~5天，或置于温度10℃，相对湿度75%~80%的库房中2天，让果实蒸发一部分水分，使果皮发软变韧，以防止包装、运输、贮藏中过程中的损伤。经预贮的果实，在贮藏中的腐烂果明显减少。贮前库房和用具也要进行消毒。每贮藏结束应清扫库房积尘，冲洗地面，同时每隔2年用石灰水粉刷库房内壁一次，每年7~8月高温季节用漂白粉或托布津稀释液对贮藏箱、货架进行洗刷，并放在阳光下暴晒杀菌消毒后堆垛备用；贮前半个月，每立方米库房用硫黄粉10克加次氯酸钠1克，密闭熏蒸库房24小时，在入库24小时前需开窗通风换气。

（2）库房的管理：

①贮藏量：贮藏量因库房的高度、通风道的宽度、堆叠方法和贮藏箱大小而定。货位的高度2~2.5米，货架离地0.3米，货位离库顶（屋檐）1~1.5米。贮藏箱一般采用“品”字形交叉法堆叠，以利空气流通。作为库房贮藏用箱，一般选用专用木质箱或塑料箱。

②贮藏期管理：贮藏期间要求温度保持在5~10℃，相对湿度80%~85%。贮藏前期（11月中下旬）气温较高，新鲜果实刚入库，田间热高，蒸发量大，这段时间应加大通风量，排除水蒸气和呼吸热，尽可能降低库温。中后期（12月至翌年1月下旬）外界气温已降到10℃以下，库内温湿度都趋于相对稳定状态。此时，根据库内温度变化情况进行适当的通风换气，以保持库内空气清新，通风时间一般在清晨或夜间。

③果实检查：入库后20~30天，要进行一次全面检查，削除腐烂果和病果。因为大批量贮藏，入库时难免有部分伤果、病果混入，这时已开始腐烂，

要及时剔除。贮藏后期如腐烂果不多，尽量不要翻动，多翻动果子，既花劳力，又有可能增加机械损伤和病菌传播。

2. 简易常温贮藏、普通民房或简易库房

常温贮藏就是利用自然的温度，采取各种构造简单、设备费用低的土方法来控制相对湿度和气体成分，创造适宜又经济的贮藏条件，维持橘果正常的生理作用，保持果实新鲜度和风味，减少腐烂干耗，提高效益。

简易常温贮藏应选择温湿度变化较小而通风保湿良好的房间或简易仓库，贮藏库房需要堵塞鼠洞，严防鼠害，主要贮藏方法有：地面堆藏、篓藏、箱藏、缸藏、砂藏等。

地面堆藏：方法简单，应用广，就是将防腐处理后的橘果，直接堆放在较为阴凉的不同质地的地面上。

（1）石板地或水泥地堆藏：先扫净石板地，地面放1~2厘米厚的稻草或遮阳网，堆高在30厘米左右。贮藏前期果上不放任何覆盖物，中后期气温低，果上可盖上薄膜保湿。

（2）泥地堆藏：在干净的泥地上，洒一层石灰，以杀灭地面上的霉菌，然后铺稻草1~2厘米厚，稻草上再铺一层黑色遮阳网，再在上面堆橘子高25~30厘米。

（3）简易常温贮藏的注意事项：简易贮藏的最大优点是简单易行，适合广大农村。为做好简易贮藏，还必须注意如下几点。

①贮藏橘果应在采前或采后喷药防腐处理，分级采收，树下严格选果，并及时包装。

②贮藏的场地及容器贮前1~2天要消毒处理完毕。

③贮藏期间不宜多次翻动橘果，但发现腐烂果，要及时剔去。

（四）柑橘果实贮藏期的主要病害

1. 青霉病和绿霉病

这两种病害的症状相似，发病初期呈水渍状，病斑圆形、软腐、略凹陷皱缩，发病中后期，长出白色的菌丝层，并在白色霉层中部出现青色粉状霉层的为青霉病，出现绿色粉状霉层的为绿霉病，外围有一圈白色霉带。在20℃以上，相对湿度85%以上的条件下，发病很快，病菌借气流或接触传播，由伤口侵入。

2. 蒂腐病

该病由蒂部开始发病，然后感染果实中心柱。蒂腐病分为黑色蒂腐病和褐色蒂腐病两种。黑色蒂腐病的病菌从伤口或表皮侵入，病部水渍状、无光泽，后期呈暗紫褐色，油泡破裂处常溢出褐色液体，果肉受害后呈红褐色和中心柱脱离。此病发生最适温度为27～28℃。褐色蒂腐瘸初期病斑黄褐色，近圆形，革质，后期呈橄榄色。病菌侵入后，在囊瓣间蔓延较果皮快，故病部边缘常呈现波纹，病果味酸苦。

3. 褐斑病

初发时，仅在果皮油泡层显褐色革质病斑，橘农称作“烂皮不烂肉”，以后逐渐扩大，并进入内果皮及果肉，使果肉发生异味。

4. 褐腐病

又称地熏果。果实病部呈污褐色，以后变成灰褐色，圆形大病斑，病部坚实，不软腐、不下陷，高温下长出白色菌丝，病果有一种刺鼻的臭味。病原为一种藻状菌，病菌在土壤中越冬。果实黄熟时，雨水多，常使近地面果实先发病，并往上蔓延，在贮藏中发病也较多。

对上述侵染性病害的防治，主要应从采收，包装、运输等各个环节，尽量减少机械或人为产生的伤口，以减少病菌侵染机会。同时及时进行防腐保鲜处理，加强贮藏库管理，合理调节温度、湿度和做好通风换气，使发病率降到最低限度。

四、包装运输

（一）包装材料要求

应采用清洁、干燥、质地轻而坚固、无异味、不吸水的纸箱或塑料箱。

（二）标志

包装箱外边应写明商标、品种、等级、重量、产地、产品标准号。包装箱上的图示标志符合规定要求。

（三）运输

（1）轻拿、轻放、避免摩擦、挤压和碰撞。
（2）交运手续力求简便、迅速。
（3）包装箱一定要牢固，不同型号包装箱分开装运。
（4）排列整齐，以利通风。
（5）严防日晒、雨淋。

附　　录

DB 331002

台州市椒江区农业标准规范

DB 331002/T02—2010

少　核　本　地　早

2010－08－03 发布　　　　2010－09－09 实施

台州市质量技术监督局椒江分局　发布

DB331002

台州市椒江区农业标准规范

DB 331002/T02.1—2010

少 核 本 地 早

第1部分：产地环境

2010－08－03发布　　　　2010－09－09实施

台州市质量技术监督局椒江分局　发布

前　言

为规范指导少核本地早生产，提高少核本地早的果品质量和市场竞争力，保障人们的身体健康，依据国家、省有关法律法规，参照中华人民共和国农业行业标准 NY/T 5016—2001，特制订《少核本地早》系列标准。

本标准按照 GB/T 1.1—2009 给出的规划起草。

本部分是少核本地早（柑橘）无公害生产系列标准的第 1 部分，该系列标准的其他部分为：

DB 331002/T 02.2—2010　少核本地早　第 2 部分　苗木

DB 331002/T 02.3—2010　少核本地早　第 3 部分　栽培技术规程

DB 331002/T 02.4—2010　少核本地早　第 4 部分　主要病虫害防治

DB 331002/T 02.5—2010　少核本地早　第 5 部分　贮藏保鲜

DB 331002/T 02.6—2010　少核本地早　第 6 部分　商品果

本标准首次发布日期为 2010 年 8 月 3 日。

本标准由椒江区农业林业局、台州市质量技术监督局椒江分局提出。

本标准起草单位：椒江区林特总站

本标准主要起草人：李学斌　叶小富　王林云

少核本地早

第1部分　产地环境

1　范围

本标准规定了少核本地早及少核本地早产地、环境条件的定义、少核本地早产地选择要求、环境空气质量、灌溉水质量、土壤环境质量的各个项目及其浓度限值（含量）和相应的试验方法。

本标准适用于全区少核本地早生产基地的选择。

2　规范性引用文件

下列文件中的条款通过本标准的引用而成为本标准的条款。凡是注日期的引用文件，其随后所有的修改单（不包括勘误的内容）或修订版均不适用于本标准，然而鼓励根据本标准达成协议的各方研究是否可使用这些文件的最新版本。凡是不注日期的引用文件，其最新版本适用于本标准。

GB 3095　环境空气质量标准

GB 5084　农田灌溉水质标准

GB/T 6920　水质　pH值的测定　玻璃电极法

GB/T 7467　水质　六价铬的测定　二苯碳酰二肼分光光度法

GB/T 7468　水质　总汞的测定　冷原子吸收分光光度法

GB/T 7475　水质　铜、锌、铅、镉的测定　原子吸收分光光度法

GB/T 7484　水质　氟化物的测定　离子选择电极法

GB/T 7485　水质　总砷的测定　二乙基二硫代氨基甲酸银分光光度法

GB/T 7486　水质　氰化物的测定　第一部分：总氰化物的测定

GB/T 7487　水质　氰化物的测定　第二部分：氰化物的测定

GB 8170　数值修约规则

GB/T 11896　水质　氯化物的测定　硝酸银容量法

GB/T 14550　土壤质量　六六六、滴滴涕的测定　气相色谱法

GB/T 15262　环境空气　二氧化硫的测定　甲醛吸收－副玫瑰苯胺分光光度法

GB/T 15432　环境空气　总悬浮颗粒物的测定　重量法

GB/T 15433　环境空气　氟化物的测定　石灰滤纸－氟离子选择电极法

GB/T 15435　环境空气　二氧化氮的测定　Saltzman 法

GB 15618　土壤环境质量标准

GB/T 17134　土壤质量　总砷的测定　二乙基二硫代氨基甲酸银分光光度法

GB/T 17135　土壤质量　总砷的测定　硼氢化钾－硝酸银分光光度法

GB/T 17136　土壤质量　总汞的测定　冷原子吸收分光光度法

GB/T 17137　土壤质量　总铬的测定　火焰原子吸收分光光度法

GB/T 17138　土壤质量　铜、锌的测定　火焰原子吸收分光光度法

GB/T 17140　土壤质量　铅、镉的测定　KI－MIBK 萃取火焰原子吸收分光光度法

GB/T 17141　土壤质量　总铅、总镉的测定　石墨炉原子吸收分光光度法

GB/T 18407.2－2001　无公害水果产地环境

NY/T 395　农田土壤环境质量监测技术规范

NY/T 396　农田水源环境质量监测技术规范

NY/T 397　农田环境空气质量监测技术规范

3　术语和定义

下列术语和定义适用于本标准。

3.1　少核本地早（柑橘）产地

具有一定面积和生产能力的少核本地早生产地。

3.2　环境条件

影响少核本地早生长和质量的空气、灌溉水及土壤等自然条件。

4　要求

4.1　产地选择

少核本地早产地，应选择生态条件良好，远离污染源，并具有可持续生产能力的农业区域。

4.2　产地环境空气质量

少核本地早产地环境空气质量应符合表 1 规定。

表 1　空气中各项污染物的浓度限值

项目	日平均浓度	1 小时平均浓度
总悬浮颗粒物（TSP）（标准状态），毫克/m^3	≤0.30	—
二氧化硫（SO_2）（标准状态），毫克/m^3	≤0.15	≤0.50
二氧化氮（NO_2）（标准状态），毫克/m^3	≤0.12	≤0.24
氟化物（F）（标准状态），μg/（dm^2·d）	月平均 10	—
铅（标准状态），μg/m^3	季 1.5	季 1.5

4.3　产地灌溉水质量

少核本地早产地灌溉水质量应符合表 2 规定。

表 2　灌溉水中各项污染物的浓度限值

项目	指标
pH 值	≤5.5～8.5
总汞，毫克/L	≤0.001
总镉，毫克/L	≤0.005
总砷，毫克/L	≤0.1
总铅，毫克/L	≤0.1
铬（六价），毫克/L	≤0.1
氟化物，毫克/L	≤3.0
氰化物，毫克/L	≤0.5
石油类，毫克/L	≤10
氯化物，毫克/L	≤250

4.4　产地土壤环境质量

少核本地早产地的土壤环境质量应符合表 3 规定。

表 3　土壤中各项污染物的含量限值　（mg/kg）

项目	指标		
	pH 值 <6.5	pH 值 6.5～7.5	pH 值 >7.5
总汞，≤	0.30	0.50	1.0
总砷，≤	40	30	25
总铅，≤	250	300	350
总镉，≤	0.30	0.30	0.60
总铬，≤	150	200	250
六六六，≤	0.5	0.5	0.5
滴滴涕，≤	0.5	0.5	0.5

5 试验方法

5.1 产地环境空气的采样方法

按 GB 3095 的规定执行。

5.2 产地灌溉水的采样方法

按 GB 5084 的规定执行。

5.3 产地土壤的采样方法

按 GB 15618 的规定执行

5.4 空气中总浮悬颗粒物的检验

按 GB/T 15432 规定执行。

5.5 空气中二氧化硫的检验。

按 GB/T 15262 规定执行。

5.6 空气中二氧化氮的检验。

按 GB/T 15435 规定执行。

5.7 空气中氟化物的检验。

按 GB/T 15433 规定执行。

5.8 灌溉水中 pH 值的检验

按 GB 6920 规定执行。

5.9 灌溉水中总汞的检验

按 GB/T 7468（仲裁）、NY/T 396 规定执行。

5.10 灌溉水中总镉的检验

按 GB/T 7475（仲裁）、NY/T 396 规定执行。

5.11 灌溉水中总砷的检验

按 GB/T 7485 规定执行。

5.12 灌溉水中总铅的检验

按 GB/T 7475 规定执行。

5.13 灌溉水中铬（六价）的检验

按 GB/T 7467 规定执行。

5.14 灌溉水中氟化物的检验

按 GB/T 7484 规定执行。

5.15 灌溉水中氰化物的检验

按 GB/T 7486（仲裁）、GB/T 7487 规定执行。

5.16 灌溉水中石油类的检验

按 NY/T 396 规定执行。

5.17 灌溉水中氯化物的检验

按 GB/T 11896 规定执行。

5.18 土壤中总镉的检验

按 GB/T 17141（仲裁）、GB/T 17140 规定执行。

5.19 土壤中总汞的检验

按 GB/T 17136（仲裁）、NY/T 395 规定执行。

5.20 土壤中总砷的检验

按 GB/T 171134（仲裁）、GB/T 17135 规定执行。

5.21 土壤中总铅的检验

按 GB/T 17141（仲裁）、GB/T 17140 规定执行。

5.22 土壤中总铬的检验

按 GB/T 17137 规定执行。

5.23 土壤中铜的检验

按 GB/T 17138 规定执行。

5.24 土壤中六六六、滴滴涕的检验

按 GB/T 14550 规定执行。

5.25 检测结果的数值修约

按照 GB 8170 的规定执行。

6 产地要求

6.1 少核本地早产地必须符合无公害少核本地早产地环境条件要求

6.2 少核本地早产地应设立明显的标志，标明范围及防污警示

DB331002

台 州 市 椒 江 区 农 业 标 准 规 范

DB 331002/T02. 2—2010

少 核 本 地 早

第2部分：苗木

2010－08－03 发布　　2010－09－09 实施

台州市质量技术监督局椒江分局　发布

前　　言

为规范少核本地早生产，促进我区少核本地早的可持续发展，参照中华人民共和国农业行业标准 NY/T 5016—2001，特制订《少核本地早》系列标准。

本标准按照 GB/T 1. 1—2009 给出的规划起草。

本部分是柑橘生产系列标准的第 2 部分，该系列的其他部分为：

DB 331002 02. 1—2002　少核本地早 第 1 部分　产地环境

DB 331002/T02. 3—2002　少核本地早　第 3 部分　栽培技术规程

DB 331002/T02. 4—2002　少核本地早　第 4 部分　主要病虫害防治

DB 331002/T02. 5—2002　少核本地早　第 5 部分　贮藏保鲜

DB 331002/T02. 6—2002　少核本地早　第 6 部分　商品果

本标准首次发布日期为 2010 年 8 月 3 日。

本标准由椒江区农业林业局、台州市质量技术监督局椒江分局提出。

本标准起草单位：椒江区林特总站

本标准主要起草人：李学斌　叶小富　王林云

少核本地早

第2部分　苗木

1　范围

本标准规定了培育少核本地早优良苗木的技术规程和苗木要求，即苗圃地选择、苗圃地整理、砧木和接穗、嫁接、苗木出圃、试验方法、包装、标志、运输及存放等。

本部分适用于少核本地早柑橘品种的育苗。

2　规范性引用文件

下列文件中的条款通过本标准的引用而成为本部分的条款。凡是注日期的引用文件，其随后所有的修改单（不包括勘误的内容）或修订版本均不适用于本部分，然而，鼓励根据本部分达成协议的各方研究是否可使用这些文件的最新版本。凡是不注日期的引用文件，其最新版本适用于本部分。

GB 5040　少核本地早（柑橘）苗木产地检疫规程

GB/T 9659　少核本地早（柑橘）嫁接苗分级检验

DB33/T 169.1　少核本地早（柑橘）育苗技术规程和种苗等级

3　术语和定义

本部分采用GB/T 9659中规定的术语和定义

4　要求

4.1　苗圃地选择

4.1.1　气候条件：年平均温度16～20℃，绝对最低气温≥－7℃，1月平均气温≥4℃，≥10℃的年积温在5 000℃以上。

4.1.2　地形地势：苗圃选择避风向阳，排水良好的平地或坡度10°以下的山地（宜筑水平梯田）。

4.1.3 土壤条件：土壤以壤土或砂质壤土、肥力足、土质疏松、土层深度30厘米以上和pH值5.5～7.5为宜。土壤质量指标按DB 331002 004规定执行。

4.1.4 其他环境条件：交通方便、水源充足、水质和空气污染，其指标按DB 331002 001规定执行。

4.1.5 病虫害：无检疫性病虫对象的地域，检疫性病虫参照GB 5040标准执行。

4.1.6 圃地轮作：圃地要轮作，已育苗2～3年的，必须经过1～2年的轮作，方可继续育苗。

4.2 苗圃地整理

4.2.1 翻耕：播种或移植15天前进行土壤翻耕（闲置的土地年内翻耕，经风化待播），深25～30厘米，每公顷均匀放入腐熟有机基肥45～60吨。

4.2.2 土壤消毒：在土壤翻耕时，每公顷用50%辛硫磷乳剂20～30千克，混拌细土或淡水沙400～450千克，均匀撒入土中消毒。其他农药的使用参照DB 331002/T 004规定执行。

4.2.3 整畦：按南北方向划畦，畦宽1.2米，畦沟宽25厘米，深25厘米，畦的围沟深、宽各30厘米。

4.3 砧木和接穗

4.3.1 砧木：砧木应是1～2年生健壮的枸头橙、枳壳和本地早的实生苗。

4.3.2 接穗：

4.3.2.1 接穗应从少核本地早高产优质的母本树上采集。

4.3.2.2 接穗应取树冠外围中上部、芽眼饱满，无病虫害的老熟枝梢。

4.3.2.3 接穗应随采随接，或贮藏于湿润的沙或苔鲜中，也可用塑料薄膜捆包，放在阴凉环境中。

4.3.3 砧木种子的采收与处理：

4.3.3.1 种子的采收期：枸头橙于12月；枳壳于9月；本地早于12月。

4.3.3.2 种子的处理：采种用的果实在充分成熟时采收，采收后经贮藏后熟，再剖开果实取出种子。将种子表面的果胶质等杂质漂洗干净，于通风处晾干至种皮发白为止。种子切不可于阳光下暴晒，否则会影响发芽率。

4.3.3.3 种子播前处理：种子播前用54～56℃温水浸种50分钟，再用1%的高锰酸钾液消毒。

4.3.4 种子的贮藏和运输：种子采收后，宜用湿度5%～10%的干河沙（将沙捏在手中可成团，轻放下能自然散开）贮藏种子于避风处，层高以30～40厘米为宜，上盖塑料薄膜防止鼠害。如需长途运输，宜与河沙木炭粉或谷壳混合并用木箱麻袋等装运，不宜用塑料袋装运。每件容积不宜过大。

4.3.5　播种：

4.3.5.1　播种期：1～2月。

4.3.5.2　播种法：撒播或条播。播种后轻压种子，然后均匀施上焦泥灰，以盖住种子为度，再用塑料薄膜或稻草覆盖。

4.3.5.3　播种量：枸头橙撒播100千克/亩，条播50千克/亩；枳散播130千克/亩，条播65千克/亩；本地早散播110千克/亩，条播55千克/亩。

4.3.5.4　播后管理：要经常检查，防止鼠害和鸟害，出苗后拿去覆盖物，保持畦面上湿润，并及时浇施稀薄肥水。

4.3.6　砧木苗移植和培育：

4.3.6.1　移植时间：4月下旬至5月下旬，当苗高10厘米以上，选择无风阴天进行移植。

4.3.6.2　苗木按大小分别移栽。

4.3.6.3　苗木主根过长必须剪短，保留5～8厘米。

4.3.6.4　株行距（13～16）厘米×（18～20）厘米，每亩栽20 000株，最多不超过25 000株。

4.3.6.5　砧木苗的管理：移栽活后每月施1次肥，薄肥（人粪尿波美度0.5°～1°或尿素0.2%～0.3%）。8月中旬到10月停施，11月上旬再施1次越冬肥，及时补株，雨后除草松土。苗木主干12厘米以下的芽及时抹去，苗长高至30厘米时摘心。

4.4　嫁接

4.4.1　嫁接部位：砧木离地面3～5厘米处。

4.4.2　嫁接时间：芽片腹接在9～10月，切接在3～4月。宜选择无风或微风的晴天或阴天进行嫁接。

4.4.3　砧木大小：芽片腹接的砧木主干直径0.7厘米以上，切接的砧木主干直径0.8厘米以上。

4.4.4　嫁接方法：

4.4.4.1　芽片腹接：在砧木腹部从上而下略向内削去皮层，削面深达木质部，长度1.5～2.0厘米，再从遮住削面皮层上方1厘米处向上朝内斜削1刀，切断皮层。使砧木的削面露出1/2～2/3，削面要平滑；再从接穗上削取长1.5厘米、削面平滑、微带木质部的盾形芽片。将其从砧木削面上方插入接口，然后用长约25厘米、宽约1厘米的薄膜，从下而上将芽片包紧，不留空隙。

4.4.4.2　切接：剪断砧木，剪口要平，选择砧木的平滑一面为嫁接面，用刀将选作接面上的剪口斜削去宽0.15厘米的一小块，在剪口的韧皮部与木质之间向下斜切1刀，深达木质部长1.5～2.0厘米。选择接穗扁平的一面，在其背面呈45°三角形向下削1刀，长约0.2厘米。然后在扁平的一面上方向下削去韧皮部，长 1.3～1.8 厘米，削面应光滑并露出木质部，再在接穗芽的上部，0.3～0.5 厘米处横向削断，然后将削好的接穗自上而下插入嫁接部，接穗的削面露出 0.15 厘米左右，以利接口愈合。接穗要插正，砧木和接穗大小一致或接穗大于砧木可插在中间，如砧木大于接穗，应靠砧木一边插入，使彼此形成层相接。再用长约 30 厘米、宽约 1.0 厘米的薄膜，左手持薄膜的 1/4 长，右手持薄膜 3/4 长，以嫁接处为中心，右手先缠 1～2 转后，即将左手所持薄膜反卷，包住接穗剪口，露出芽眼，再在砧木剪口处绕 1～2 转，把剪口包严，在砧穗结合处绕 1～2 转，抽紧打结。薄膜包扎松紧要适当，要密封切口和接穗露白处，不能移动歪斜，以免影响成活率。

4.4.5 嫁接苗的培育：

4.4.5.1 剪砧：翌年 2 月下旬，芽接苗在芽接处上方 0.5 厘米处剪断砧木。

4.4.5.2 破膜与补接：芽接苗在 3 月中下旬进行破膜，未成活的可用切接补接。切接苗在接后一个半月内检查成活与否，如薄膜包住芽头，应及时割开薄膜，未成活的随时补接，在秋季割除薄膜。

4.4.5.3 芽接苗的施肥：在剪砧前要施薄肥 1 次，从新梢抽发至 8 月上旬，再施肥 3～4 次，每次每亩施人粪尿 500 千克，8 月下旬停止施肥，11 月上旬再施肥 1 次。同时做好清沟排水工作。

4.4.5.4 要经常中耕除草，操作时尽量不要伤根伤苗。

4.4.6 摘心定干和抹芽：在苗高 40 厘米时进行摘心定干，使苗高 20～30 厘米区域内有均匀分布的 3～4 个分枝，将 20 厘米以下的芽全部抹除。

4.4.7 病虫害防治：对砧木苗的立枯病，嫁接苗的疮痂病、炭疽病、红蜘蛛、蚜虫、潜叶蛾和凤蝶等病虫害必须及时防治。防治方法参照 DB 331002/T 02.4—2010 规定执行。

4.5 苗木出圃

起苗时间，按定植季节而定，起苗尽量带土，保护好根系。

4.5.1 分级：按生长势分为一、二级苗，见下表。

表 苗木分级

项目	一级	二级
高度，厘米	≥40	30～39
粗度，厘米	≥0.8	0.6～0.7
分枝数，个	≥3	2～3
根系	发达	发达
非检疫性病虫害	轻微	轻微
叶色	绿色	绿色
落叶率，%	<20	<20

4.5.2 苗木检疫：起苗后，根据病虫害发生情况，按国家有关检疫规定进行检疫，有检疫对象的苗木严禁出圃。

5 试验方法

5.1 抽样

5.1.1 检验批：同等级苗木为1个检验批。

5.1.2 抽样方式：样本从已起苗捆扎的苗木中，随机抽样。

5.1.3 同等级苗木的抽样数规定如下：10捆以下抽1捆；10捆以上、50捆以下2捆；50捆以上、100捆以下抽3捆；100捆以上、500捆以下抽5捆；500捆以上、1 000捆以下抽8捆；1 000捆以上抽10捆。

5.2 数据检定方法

5.2.1 苗木径粗：用游标卡尺测量苗木嫁接口上方2厘米处的粗度。

5.2.2 苗木高度：用卷尺测量苗木嫁接口至苗木梢端的高度。

5.2.3 落叶率按下式计算：

$$落叶率（\%）=\frac{落叶数}{植株留叶数+落叶数}\times 100$$

5.2.4 分枝数量：目测判断。

5.2.5 根系与非检疫病虫害：目测判断。

5.2.6 检疫性病虫害：按GB 5040要求目测检查。

5.3 判定方法规则

对抽取的样品逐株检验，同一株中有1个不合格项目就判为不合格，根据检验结果，计算出样品中的合格株数与不合格株数。当不合格株数≤5%时，判该批为合格；当不合格株数>5%时，判该批为不合格；对不合格批要加倍抽样检验。

5.4 质量仲裁及合格证书颁发

5.4.1 供需双方对苗木质量有异议时，双方可协商解决、或由法定质量监督部门仲裁。

5.4.2 对生产单位检验合格的苗木，应由苗木主管部门颁发《苗木质量合格证》；严禁不合格苗木擅自提高苗木等级出售。

6 包装、标志、运输、存放

6.1 包装

一级苗每捆（件）50株；二、三级苗每捆（件）100株。用塑料薄膜包好根系。

6.2 标志

每捆（件）苗木应挂标签，标签上注明品种、砧木、苗龄、数量、等级、出圃日期及育苗单位等。

6.3 运输

不带土苗运输要用泥浆蘸根或苔藓护根，长距离运输要剪去2/3叶片，短距离运输不必剪叶；带土运输，用塑料薄膜，单株包扎根部。运输途中，严防重压、日晒、雨淋，苗木运到后要及时定植。

向市外运输苗木，在起运前应按国家《植物检疫条例》办理植物检疫证书。

6.4 存放

起苗后的苗木应防止风吹、日晒、雨淋。存放期间，保持根部湿润。

DB331002

台州市椒江区农业标准规范

DB 331002/T02.3—2010

少 核 本 地 早

第3部分：栽培技术规程

2010－08－03 发布　　　　2010－09－09 实施

台州市质量技术监督局椒江分局　发布

前 言

为规范少核本地早生产技术，提高少核本地早果品质量，促进可持续发展，增强市场竞争力，保障人们的身体健康，参照中华人民共和国农业行业标准 NY/T 5016—2001，特制订《无公害少核本地早》系列标准。

本标准按照 GB/T 1.1—2009 给出的规划起草。

本部分是少核本地早（柑橘）无公害生产系列标准的第 3 部分，该系列的其他部分为：

DB331002/T 02.1—2010 少核本地早 第 1 部分 产地环境

DB331002/T 02.2—2010 少核本地早 第 2 部分 苗木

DB331002/T 02.4—2010 少核本地早 第 4 部分 主要病虫害防治

DB331002/T 02.5—2010 少核本地早 第 5 部分 贮藏保鲜

DB331002/T 02.6—2010 少核本地早 第 6 部分 商品果

本标准首次发布日期为 2010 年 8 月 3 日。

本标准由椒江区农业林业局、台州市质量技术监督局椒江分局提出。

本标准起草单位：椒江区林特总站

本标准主要起草人：李学斌 叶小富 王林云

少核本地早

第3部分　栽培技术规程

1　范围

本标准规定了少核本地早（柑橘）生产所要求的园地选择与规划、栽植、土肥水管理、整形修剪、花果管理、植物生长调节剂应用、以及灾害性天气防御等技术。

本部分适用于少核本地早柑橘品种。

2　规范性引用文件

下列文件中的条款通过本标准的引用而成为本部分的条款。凡是注日期的引用文件，其随后所有的修改单（不包括勘误的内容）或修订版本均不适用于本部分，然而，鼓励根据本部分达成协议的各方研究是否可使用这些文件的最新版本。凡是不注日期的引用文件，其最新版本适用于本部分。

NY/T 227　微生物肥料

NY/T 394—2000　绿色食品、肥料使用准则

DB331002/T 02.2—2010　少核本地早　产地环境

3　术语和定义

3.1　主枝

从主干分生出来的大枝条。

3.2　副主枝

从主枝上分生出来的较大枝条。

3.3　侧枝

从主枝、副主枝上分生出来的担负结果与更新的枝群。

3.4　绿叶层

树冠外缘至内膛之间叶片相对密集部分的厚度。

3.5　树高率

树体高度与树冠直径的比例。

3.6　树冠覆盖率

树冠投影面积与园地面积的比例。

3.7　摘心

摘去营养枝顶部幼嫩部分。

3.8　抹芽

抹除或削去嫩芽。

3.9　短截

剪去枝梢的一部分。

3.10　疏删

将枝梢从基部剪去。

3.11　回缩

在多年生枝条上短截。

3.12　叶花比

树冠叶片与花数的比例。

3.13　叶果比

树冠叶片数与结果数的比例。

3.14　营养生长期

从定植到开始结果的时期。

3.15　生长结果期

从开始结果到有一定经济产量的时期。

3.16　盛果期

从有经济产量起经过高额稳定产量期至产量出现连续下降阶段初期的时期。

3.17　衰老期

经盛果期后，从产量持续下降到无经济效益的时期。

3.18　暂时萎蔫

因高温干旱缺水，叶或茎的幼嫩部分出现暂时性萎蔫（中午前后最为明显），次日早晨能够恢复原状的现象。

3.19　有机肥料

由含丰富有机物质的生物排泄、动植物残体、生物废弃物等组成，并经无害化处理后形成的肥料。

3.20　无机（矿质）肥料

矿物经粉碎、筛选等物理工艺制成养分呈无机盐形式的肥料。

3.21 微生物肥料

能提供特定肥料效应的、无毒、无害、不污染环境的活微生物制剂。

3.22 复混肥

有机肥料和无机（矿质）肥料经机械方法混合形成的肥料。

3.23 叶面肥料

喷施于植物叶面并能被其吸收利用的肥料。

4 要求

4.1 园地选择与规划

4.1.1 园地选择：

4.1.1.1 土壤条件：土壤质地良好，疏松肥沃，有机质含量在1.5%以上，土层深厚，活土层在60厘米以上，地下水位离畦面低于100厘米。土壤宜选择含盐量1‰的淡海涂泥、黏质壤土。其他按DB331002/T 02.1—2010《少核本地早 产地环境》执行。

4.1.1.2 地形地势：

4.1.1.2.1 平原海涂地：选择不受水淹，淡水资源丰富，便于早脱盐和排灌，脱盐率70%以上的土地。

4.1.1.2.2 坡地：选择背风向阳，海拔200米以下，坡度20°以下。

4.1.1.3 其他：按DB331002/T 02.1—2010《少核本地早 产地环境》执行。

4.1.2 建园：

4.1.2.1 园地规划：修筑道路、排灌和蓄水、附属建筑等设施，营造防护林，防护林宜选择速生树种，并与柑橘没有共生性病虫害。

4.1.2.2 海涂地脱盐改土：以两行开一条畦沟，畦沟深1米，宽0.8米，并在中间开一条深0.3米的浅沟，围沟开设深1.3米，宽1.5米，做到沟沟相通，加速脱盐。

4.1.2.3 山地修筑等高梯田和改土。

4.2 栽植

4.2.1 苗木：按DB331002/T02.2—2010《少核本地早 苗木》执行。

4.2.2 栽植时间：

4.2.2.1 春季栽植：在2月下旬至3月中旬春梢萌芽前栽植。

4.2.2.2 秋季栽植：以9月中旬至10月中旬为宜。容器苗和带土移栽不受季节限制。

4.2.3 栽植密度：按亩栽植的永久植株数计，少核本地早45~55株，株行距（3~3.5）米×4米。具体密度应根据砧穗组合、立地条件和管理水平而定。

4.2.4 栽植技术：

4.2.4.1　平原海涂地栽植：海涂地及地下水位较高的平地，筑墩定植。按株行距要求，将墩底挖深30厘米，填压基肥，每公顷施入有机肥或绿肥25～30吨，加客土筑墩，墩高80厘米，沉实后保持60厘米，墩基直径2米，上口直径1.2米，经风化后定植。定植方法与山脚缓坡地相同。

4.2.4.2　坡地栽植：在畦面中心挖直径1米、深0.8米的定植穴或定植沟，将腐熟的厩肥（每公顷30～40吨）与穴土拌匀，回填到穴深30～40厘米时，将苗木的根系和枝叶适度修剪后放入穴中央，舒展根系，扶正，边填土边轻轻提苗，踏实，使根系与土壤密接。在根系范围浇足定根水。栽植深度以根颈露出地面5厘米、定植穴填土高于畦面15厘米左右为宜。

4.2.5　栽植后管理：保持土壤湿润。天气晴旱，勤浇施稀薄肥水，根际覆草保湿。发现卷叶，及时疏剪叶片与根外追肥。立防风杆，防止摇动。发现死株，及时补植。

4.3　土肥水管理

4.3.1　土壤管理：

4.3.1.1　深翻扩穴，熟化土壤：山脚缓坡地深翻扩穴一般在秋梢停长后进行，从树冠外围滴水线处开始，逐年向外扩展40～50厘米，深翻40～60厘米。回填时混以绿肥、秸秆或经腐熟的人畜粪尿、堆肥、饼肥等，表土放在底层，心土放在上层，然后对穴内灌足水分。

4.3.1.2　间作绿肥或生草：少核本地早园宜实行生草制。种植的间作物或草类应是与少核本地早无共生性病虫害、浅根、矮秆，以豆科植物和禾本科牧草为宜。春季绿肥在4月下旬至5月下旬深翻压绿，夏季绿肥在干旱时割绿覆盖。或者，春季与梅雨季节生草，出梅后及时刈割翻埋于土壤中或覆盖于树盘。

4.3.1.3　覆盖与培土：高温或干旱季节，建议树盘内用秸秆等覆盖，厚度15～20厘米，覆盖物应与根颈保持10厘米左右的距离。培土宜在立冬前进行，可培入塘泥、田泥及其他肥土，厚度8～10厘米，忌客土盖住嫁接口。

4.3.1.4　中耕：可在夏、秋季和采果后进行，每年中耕1～2次，保持土壤疏松无杂草。中耕深度8～15厘米，坡地宜深，平地宜浅。雨季不宜中耕。

4.3.2　施肥：

4.3.2.1　施肥原则：应充分满足少核本地早对各种营养元素的需求，有机肥施用量占施肥量的50%～70%，合理施用无机肥。

4.3.2.2　肥料种类的质量：按NY/T 394—2000中的5.2.1的规定选择肥料种类，叶面肥必须正式注册。人畜粪尿需经50℃以上高温，发酵7天以上。微生物肥料中有效活菌数量必须符合NY/T 227的规定。

4.3.2.3　施肥方法：

4.3.2.3.1　土壤施肥：可采用环状沟施、条沟施和土面撒施等方法。在树冠滴水线处挖沟（穴），深度20~40厘米。东西、南北对称轮换位置施肥。土面撒施的肥料以造粒缓释肥为主，应在下小雨前后撒施。速溶性化肥应浅沟（穴）施，有微喷和滴灌设施的少核本地早园，可进行液体施肥。

4.3.2.3.2　叶面追肥：在不同的生长发育期，选用不同种类的肥料进行叶面追肥，以补充树体对营养的需求。高温干旱期应按使用浓度范围的下限施用。果实采收前20天内停止叶面追肥。

4.3.2.4　幼树施肥：勤施薄施，以氮肥为主，配合施用磷、钾肥。栽植当年，成活后开始施用，每年3月至8月中旬，每月施1~2次10%腐熟人粪尿或1%~1.5%尿素液，8月下旬至10月上旬停止施肥，顶芽自剪至新梢转绿前增加根外追肥，11月施越冬肥。1~3年生幼树单株年施纯氮100~300克，氮：磷：钾以1：0.3：0.5左右为宜，施肥量应逐年增加。

4.3.2.5　结果树施肥：

4.3.2.5.1　施肥量：以每产果1 000千克施纯氮8~11千克，氮：磷：钾以1：（0.6~0.9）：（0.8~1.1）为宜。

4.3.2.5.2　施肥时间施肥比例：①采果肥在采前7~10天施下，施足量的有机肥（基肥），施用量占全年的40%~50%；②芽前肥：少核本地早为2月中下旬，以氮肥为主配施磷肥，施用量占全年的15%~25%；③稳（壮）果肥：少核本地早为7月底至8月初，以钾为主，配合施用磷肥，施用量占全年的30%~40%。

4.3.2.5.3　补充施肥：①叶面追肥：微量元素肥在新梢生长期施用，以缺补缺，作叶面喷施，按0.1%~0.3%浓度施用。谢花期、果实膨大期、冬季休眠期可视树势情况，喷洒叶面肥。②地面补肥：花蕾期出现花量过多，树势虚弱，可施速效氮肥；壮果期挂果量多，可施少量氮肥、增施钾肥。

4.3.3　水分管理：

4.3.3.1　灌溉：要求灌溉水无污染，水质应符合DB331002/T 02.1—2010《少核本地早 产地环境》。少核本地早树在春梢萌动及开花期（3~5月）、果实膨大期（7~10月）及采果后对水分敏感，此期发生干旱应及时灌溉。寒潮来临前应及时灌溉，减轻冻害。

4.3.3.2　排水：及时清淤，疏通排灌系统。多雨季节、台风季节或果园积水时疏通沟渠及时排水。果实采收前一个月内控制水分供应，如遇到多雨天气，可通过地膜覆盖（山坡地）园区土壤或薄膜覆盖（平地）树冠，降低土壤水分，提高果实品质。

4.4　整形修剪

4.4.1　树形：少核本地早为开心式自然圆头形，干高30厘米左右，主枝3～4个在主干上错落有致地分布。主枝分枝角度30°～50°，各主枝上配置副主枝2～3个，一般在第三主枝形成后，即将类中央干剪除或扭向一边作结果枝组。树高一般控制在2.5～3米以下。

4.4.2　修剪方法：

4.4.2.1　修剪时期：主要为2～3月。另外可根据不同生长期，进行疏删花枝、抹芽控梢、摘心、剪除徒长枝、疏删营养枝等辅助修剪。

4.4.2.2　幼树期：以轻剪为主。避免过多的疏剪和重短截。除适当疏删过密枝梢外，内膛枝和树冠中下部较弱的枝梢一般均应保留。剪除所有晚秋梢。

4.4.2.3　初结果树：继续选择和短截处理各级骨干延长枝，抹除顶部夏梢，促发健壮秋梢。对过长的营养枝留8～10片叶及时摘心，回缩或短截结果后的枝组。抽生较多夏、秋梢营养枝时，可采用三三制处理；短截1/3强势枝，疏去1/3衰弱枝，保留1/3中庸枝。剪除所有晚秋梢。秋季对旺盛生长的树采用环割、断根、控水等促花措施。

4.4.2.4　盛果期：保持生长与结果的相对平衡，树高一般控制在2.5～3米以下，绿叶层厚度1.5～2米，树冠覆盖率70%～80%，树冠间距10～15厘米，树冠内配有大量的短、粗、壮侧枝，树冠开张，各级枝的角度应大于45°。具体操作是：及时回缩结果枝组、落花落果枝组和衰退枝组。剪除枯枝、病虫枝；对骨干枝过多和树冠郁闭严重的树，可用大枝修剪法，锯去中间直立性骨干大枝，开出“天窗”，将光线引入内膛；对当年抽生的夏、秋梢营养枝，通过短截或疏删其中部分枝梢，调节翌年产量，防止大小年结果。对无叶枝组，在重疏删基础上，对大部分或全部枝梢作短截处理。剪除所有晚秋梢。修剪后使枝梢均匀排列，内密外稀，下密上稀。

4.4.2.5　衰老更新期：应减少花量，甚至舍弃全部产量以恢复树势。应用大枝修剪法，首先锯除过密的大枝（包括主枝和副主枝），然后回缩衰弱枝组，疏删密弱枝群，短截所有夏、秋梢营养枝和有叶结果枝。及时做好剪后伤口的护理工作。衰老树经更新修剪后促发的夏、秋梢进行截强、留中、去弱的方式处理。

4.4.3　修剪注意点：修剪顺序是先大枝后小枝，先上后下，先内后外。锯口或大伤口应剃平后涂保护剂。对多次抹芽后产生的节瘤，应在最后一次抹芽时剪除。修剪后的枝叶，应及时运离橘园。

4.5　花果管理

4.5.1　控花疏果：

4.5.1.1　控花：冬季修剪以短截、回缩为主；花量较大时，花期补剪，适量剪去花枝。强枝适当多留花，弱枝少留或不留；有叶单花多留，无叶花少留或不留；抹除畸形花、病虫花等。

4.5.1.2　人工疏果：分两次进行。在定果后（7月中旬至8月），疏除小果、病虫果、畸形果、密弱果。

4.5.2　保花保果：

4.5.2.1　控梢保果：春梢长至2～4厘米时，适当疏去树冠顶部及外部的春梢，内膛和下部的枝条留5～7叶摘心。抹去6月至7月上旬抽生的夏梢。

4.5.2.2　营养保果：视树体营养状况，开花后不定期根外追肥，补充树体所缺的营养元素。

4.5.2.3　植物生长调节剂保果：盛花期至谢花期允许喷一次50×10^{-6}的赤霉素（920）。限于少花树、多花树、结果性能差的树及遇到异常气候时喷施。

4.5.2.4　环剥保果：树势强旺又结果性能差的树，可在直立枝上采用环割或环剥进行保果。少核本地早宜选枝条直径3～4厘米的副主枝或结果枝组，在花谢2/3前后用环剥工具进行环剥，环剥口宽度为0.2～0.3厘米。在剥后20～25天发现环剥口已经提前愈合的，应擦去其愈伤组织。

4.6　灾害性天气防御

4.6.1　冻害防御：

4.6.1.1　栽培措施预防：

4.6.1.1.1　适地适栽，选择良好的地形地势。

4.6.1.1.2　营造防护林。

4.6.1.1.3　加强肥水管理及病虫害防治，控制结果量和晚秋梢，增强树势，提高抗寒能力。

4.6.1.2　寒前（12月下旬至2月上旬）预防

4.6.1.2.1　涂白：冬季，用生石灰0.5千克，硫黄粉0.1千克，水3～4千克，加食盐20克左右，调匀涂主干大枝。

4.6.1.2.2　树盘培土，培高30厘米以上。包扎主干。

4.6.1.2.3　地面覆盖，搭防冻棚，设防风障等。

4.6.1.2.4　干旱时中午适当灌水，寒潮来临时熏烟。

4.6.1.3　冻后护理：

4.6.1.3.1　轻冻树：对那些占全树30%左右叶片受冻、一年生新梢轻度受冻的轻冻树，要及时摘除受冻后卷曲干枯的未落叶片，施肥要水带肥，薄肥勤施。也可用0.2%尿素和0.2%磷酸二氢钾根外追肥2～3次，以利恢复树势。

4.6.1.3.2　重冻树：对那些叶片全部干枯或脱落、副主枝和主枝受冻的重冻树，在春芽萌发、确定死活分界后，在分界线下2～4厘米的活枝处锯除受冻部分，剃平锯口，注意伤口保护。

4.6.1.3.3　春芽萌芽后，重视肥培管理，开沟排水及树脂病等病虫防治，及时根外追肥和喷洒药剂。

4.6.2　台风及其涝害防御：

4.6.2.1　发生时间：台风一般发生在每年的7～9月。涝害发生的临界时间为桔树根系受停滞水淹没3天，一般发生在台风季节和梅雨季节。

4.6.2.2　防御措施：

4.6.2.2.1　建立网格化防护林。

4.6.2.2.2　采取立枝柱支撑挂果枝条，防止果实撞伤而感病。

4.6.2.2.3　开沟排水，排除积水，防止大潮汛淹水座浆霉根。

4.6.2.2.4　雨后培土护根，保护根系正常生长与吸收功能。

4.6.2.2.5　台风过后，及时剪除折断的枝梢或疏删果实，以保持树体上下平衡，防止死亡。

4.6.2.2.6　疏松土壤，耙土换气。

4.6.2.2.7　雨后及时采用叶面施肥，同时喷布25%溴菌清可湿性粉剂600倍或80%代森锰锌可湿性粉剂600～800倍液等杀菌剂，预防叶、枝病害。

4.6.3　干旱防御：

4.6.3.1　干旱时间：主要集中在每年的7～9月和11月至翌年3月。

4.6.3.2　干旱症状：枝梢停止生长，果实发育停滞，叶片卷曲、萎蔫脱落。

4.6.3.3　旱害预防：

4.6.3.3.1　覆盖：霉雨季节结束后立即进行树盘覆盖，厚度15～20厘米。

4.6.3.3.2　灌溉浇水：连续旱晴10～15天以上，进行浅沟灌水，并浇透畦面，促使果实正常发育。

4.6.3.3.3　枝干涂白。

4.6.3.3.4　早晚喷水和根外追肥。

DB331002

台 州 市 椒 江 区 农 业 标 准 规 范

DB 331002/T02.4—2010

少 核 本 地 早

第4部分：主要病虫害防治

2010－08－03 发布　　　　2010－09－09 实施

台州市质量技术监督局椒江分局　发布

前　　言

病虫害防治是少核本地早（柑橘）安全生产的一项重要内容，对提高果品质量，保障人们的食用安全具有十分重要作用。为规范少核本地早病虫害防治技术，参照中华人民共和国农业行业标准 NY/T 5016—2001，特制订《无公害少核本地早》系列标准。

本标准按照 GB/T 1. 1—2009 给出的规划起草。

本部分是少核本地早（柑橘）无公害生产系列标准的第 4 部分，该系列的其他部分为：

DB331002/T 02. 1—2010　少核本地早　第 1 部分　产地环境

DB331002/T 02. 2—2010　少核本地早　第 2 部分　苗木

DB331002/T 02. 3—2010　少核本地早　第 3 部分　栽培技术规程

DB331002/T 02. 5—2010　少核本地早　第 5 部分　贮藏保鲜

DB331002/T 02. 6—2010　少核本地早　第 6 部分　商品果

本标准首次发布日期为 2010 年 8 月 3 日。

本标准由椒江区农业林业局、台州市质量技术监督局椒江分局提出。

本标准起草单位：椒江区林特总站

本标准主要起草人：李学斌　叶小富　王林云

少核本地早

第4部分　主要病虫害防治

1　范围

本标准规定了少核本地早（柑橘）主要病虫害的防治适期、防治指标和防治技术等规程。确定了少核本地早主要病虫害的综合防治原则和措施。

本部分适用于少核本地早（柑橘）苗圃和栽培园中的主要病虫害防治。

2　规范性引用文件

下列文件中的条款通过本标准的引用而成为本部分的条款。凡是注日期的引用文件，其随后所有的修改单（不包括勘误的内容）或修订版本均不适用于本部分，然而，鼓励根据本部分达成协议的各方研究是否可使用这些文件的最新版本。凡是不注日期的引用文件，其最新版本适用于本部分。

DB331002/T 02. 3—2010　少核本地早　栽培技术规程

3　术语和定义

3.1　防治适期

指在防治某种病、虫、草和其他有害生物的过程中使用适当浓度的农药能达到最佳防治效果且残留不超标的适宜时期。

3.2　防治指标（经济阈值）

指田间发生某种病害的病斑数、某种害虫的密度或主干、枝、梢、叶、花、果表现的为害程度超过产量或经济损失允许水平的阈值。

3.3　叶（果、枝、梢、株或花）发病率或为害率

发病或为害叶（果、枝、梢、株或花）数与调查总叶（果、枝、梢、株或花）数比值的百分率。

3.4　卵孵（若虫）始盛期、高峰期、盛末期

某种害虫在一定时期内发生的卵孵（若虫）数量之和达到该1代卵孵

（若虫）总量的16%、50%、86%的日期。

3.5　安全间隔期

指作物上最后1次施用农药（2种或2种以上的农药则单独计）至采收时可安全食用所需要间隔的天数。

3.6　农药残留

指残留在少核本地早果实中的微量农药原体及其有毒的代谢物、降解物和杂质的总称。

4　综合防治

4.1　防治原则

遵循“预防为主，综合治理”的植保方针，从果园生态系统出发，以保健栽培为基础，创造不利于病虫滋生而有利于天敌繁衍的环境条件，充分发挥作物对危害损失的自身补偿能力和自然天敌的控制作用，保持果园生态平衡，在预测预报的基础上，优先协调运用植物检疫、农业防治、物理防治和生物防治，在达到防治指标时合理组配农药应用技术，达到有效控制病虫危害、减少农药残留量、确保少核本地早优质丰产的目的。

4.2　防治措施

4.2.1　预测预报：根据病虫害的发生流行与少核本地早等寄主植物及环境之间的相互关系，对病害利用田间病情观察法、病原物数量和动态检查法、气象条件病害流行预测法等，对害虫利用调查法、物候法、诱集法、饲养法、期距法、有效积温法等方法，分析推断病害的始发期和发生程度，以及害虫卵孵（若虫）始盛期、高峰期、盛末期，以确定防治适期和合理的防治技术。

4.2.2　植物检疫：严格执行国家规定的植物检疫制度，防止检疫性病虫从疫区传入保护区。

4.2.3　农业防治：

4.2.3.1　选用品种：选用优良株系和抗病虫较强的砧木。

4.2.3.2　建好园地：搞好果园道路、灌溉和排水系统、防风设施（防风林或防风帐）的建设。

4.2.3.3　间作或生草：园内宜实行生草制，种植的间作物或生草类应是与柑橘无共生性病虫、浅根、矮秆，以豆科植物和禾本科牧草为宜，适时刈割翻埋于土壤中或覆盖于树盘。

4.2.3.4　保健栽培：加强果园培育管理，适时深翻土壤，合理施肥、修剪、更新、间伐和排灌水，确保树势健壮。

4.2.3.5　及时清园：平时剪除病虫枝和枯枝，对于危险性病虫害还应及时清除枯枝、落叶和落果，销毁，减少或消灭病虫源。

4.2.3.6　人工放梢：抹芽控梢，统一放梢，降低病虫基数，减少用药次数。
4.2.4　物理防治：
4.2.4.1　灯光诱杀：利用害虫的趋光性，在其成虫发生期，田间每隔 100～200 米点 1 盏紫光灯或频振式杀虫灯，灯下放大盆，盆内盛水，并加少许柴油或煤油，诱杀蛾类、金龟子等飞虫。
4.2.4.2　趋性诱杀：拟小黄卷叶蛾等害虫对糖、酒、醋液有趋性，可加入农药诱杀；利用麦麸或生草诱集处理蜗牛；利用黄板诱集处理蚜虫等。
4.2.4.3　寄主诱杀：当嘴壶夜蛾发生严重时，可种中间寄主木防已，引诱成虫产卵，再用药剂杀灭幼虫。
4.2.4.4　人工捕杀：人工捕捉天牛、蚱蝉、金龟子等害虫。尤其是对发生轻且危害中心明显或有假死性的害虫宜用人工捕杀。
4.2.4.5　套袋、在果实膨大后期套上水果专用袋，免受病虫为害和减少裂果。
4.2.5　生物防治：
4.2.5.1　改善果园生态环境：按 4.2.3.2，4.2.3.3，4.2.3.4 规定执行，保护天敌。
4.2.5.2　人工引移、饲放天敌：从病虫害老发区引进天敌并释放，用座壳孢菌控制黑刺粉虱；用尼氏钝绥螨等控制螨类；用日本方头甲、红点唇瓢虫和金黄蚜小蜂等控制矢尖蚧；用松毛虫赤眼蜂等控制卷叶蛾等。
4.2.5.3　适用农药：提倡使用生物源农药（微生物农药、植物源农药和动物源农药）和矿物源农药，尽可能利用性诱剂加少量其他农药杀灭蛾类。
4.2.6　化学防治：
4.2.6.1　实行指标化防治：加强病虫的测报，掌握发生动态，达到防治指标时根据环境和少核本地早的物候期适时对症用药。
4.2.6.2　农药种类选择：按 DB331002/T 02.4—2010 规定执行。
4.2.6.3　农药使用准则：除按 DB331002/T 02.4—2010 规定执行外，防治要到位，喷施要得法，注意残效期，严格掌握安全间隔期，提倡低容量细喷雾。

5　主要病害防治技术

5.1　*疮痂病*

5.1.1　防治适期：枝梢顶部春芽长 1 厘米以下时；花谢 2/3 时；幼果期。
5.1.2　防治指标：上年秋梢叶片发病率 5%；幼果发病率 20%。
5.1.3　防治技术：
5.1.3.1　化学防治主要对策：上年秋梢叶发病率 5% 以下的园块，主要抓花谢 2/3 时喷药；发病率 5% 以上的园块，顶部春芽长 1 厘米以下时和花谢 2/3 时均需喷药；幼果期根据防治指标结合天气预报雨日的多少喷药，雨日少不喷，雨日多喷1~2次。

5.1.3.2　及时清园：清除病枝、枯枝、落叶和落果。

5.1.3.3　药剂防治：春梢期药剂宜选用0.5%~0.8%等量式波尔多液；花谢2/3时可选用78%科博WP（可湿性粉剂，下同）600倍或80%代森锰锌WP600~800倍或75%百菌清WP800倍或25%溴菌清WP800倍液；幼果期宜用75%百菌清WP800倍或25%溴菌清WP800倍或5%霉能灵WP600~800倍液。

5.2　树脂病（黑点病、沙皮病、流胶病）

5.2.1　防治适期：4~9月。

5.2.2　防治指标：主干和枝条上见病斑即治；枝梢、叶和果实上去年发病较重的园块在各主要防治适期均需喷药保护。

5.2.3　防治技术：

5.2.3.1　农业防治：按4.2.3.1，4.2.3.2，4.2.3.4，4.2.3.5规定执行。

5.2.3.2　药剂防治：主干和枝条上的病斑用刀刮除，先用75%酒精或10%纯碱水消毒后，再涂5%波尔多浆或常用杀菌剂30~50倍液保护伤口，伤口宽度达到主干或枝干周长1/5以上的须用反光膜包扎；枝梢和果实发病用80%代森锰锌WP800倍或78%科博WP600倍液。

5.3　炭疽病

5.3.1　防治适期：新梢抽发期；花谢2/3时；每次大（台）风暴雨之后的果实生长期；果实成熟前期。

5.3.2　防治指标：梢、叶、花或果实发病率4%~5%。

5.3.3　防治技术：

5.3.3.1　农业防治：按4.2.3.1，4.2.3.2，4.2.3.4，4.2.3.5规定执行。

5.3.3.2　药剂防治：第1次（春梢抽发期）0.8%等量式波尔多液或78%科博WP500倍液；第2次（花谢2/3时）喷25%溴菌清WP600 800倍或80%代森锰锌WP600~800倍或75%百菌清WP800倍液；第3次（第2次药后15天左右）选用第2次可用但未用的药剂；7~9月可喷75%百菌清WP800倍或25%溴菌清WP800倍或80%代森锰锌WP600~800倍。

5.4　黑斑病（黑星病）

5.4.1　防治适期：幼果期（谢花后至1个半月内，一般为5~6月）。

5.4.2　防治指标：上年果实上有明显发病的园块。

5.4.3　防治技术：

5.4.3.1　农业防治：按4.2.3.1，4.2.3.2，4.2.3.4，4.2.3.5规定执行。

5.4.3.2　药剂防治：结合春季清园喷1次0.8°~1°石硫合剂；幼果期可喷75%百菌清WP800倍或70%甲基托布津WP800倍或50%多菌灵WP600倍或

80%代森锰锌WP800倍或78%科博WP600倍液。

5.5　黄斑病（脂点黄斑病、脂斑病和褐色小圆星病）

5.5.1　防治适期：新叶展开期，花谢2/3时。

5.5.2　防治指标：上年老叶5%发病的树或园块。

5.5.3　防治技术：主要抓春叶展开期和花谢2/3时，适用药剂参见5.1.3.3规定。

5.6　病毒病（衰退病、碎叶病）

5.6.1　防治适期：全年。

5.6.2　防治指标：树上出现明显症状。

5.6.3　防治技术：

5.6.3.1　培育无病壮苗：在隔离区建设无病苗圃，从无病母树上采穗，培育无病苗木，建立无病区。

5.6.3.2　农业防治：按4.2.3.1，4.2.3.2，4.2.3.4，4.2.3.5规定执行，严重的病株应及时挖除。

5.6.3.3　消灭蚜虫、木虱等媒介昆虫，防治技术按6.9规定执行。

6　主要害虫防治技术

6.1　橘全爪螨（红蜘蛛）

6.1.1　防治适期与指标：早春（2月下旬至3月中旬）1~2头/叶；3月下旬至花前2~3头/叶；花后至9月5~6头/叶；10~11月2头/叶。

6.1.2　防治技术

6.1.2.1　春季清园：春梢萌芽前喷波美0.8°~1°石硫合剂或松碱合剂8~10倍或45%松脂酸钠WP100倍或95%机油乳剂60~100倍液。

6.1.2.2　春芽至谢花前用药：15%哒螨酮1200倍加5%噻螨酮EC（乳油，下同）1 000~1 500倍或20%四螨嗪SC（悬浮剂，下同）/WP 1 500~2 000倍液。

6.1.2.3　其他季节适用药剂：除按6.1.2.2规定之外，还可选用95%机油乳剂150~200倍液或73%克螨特EC 2 000~2 500倍（幼果期30℃以上不宜使用）或25%三唑锡WP 1 500~2 000倍或20%双甲脒EC 1 000~1 500倍或50%苯丁锡（托尔克）WP 2 000~3 000倍液。

6.2　桔锈螨（锈壁虱）

6.2.1　防治适期：5月中旬至10月。

6.2.2　防治指标：5月下旬至6月，叶片或果实上在10倍放大镜下1~2头/视野，或者当年春梢叶背初现被害状；7~10月，叶片或果实上在10倍放大镜下3头/视野，或者1块果园中发现1个果出现被害状；或者5%叶、果有锈螨。

6.2.3　防治技术：

6.2.3.1　春季清园：按 6.1.2.1 规定执行。

6.2.3.2　药剂防治：按 6.1.2.2，6.1.2.3 规定执行，但 5% 噻螨酮 EC 不在选用之列。

6.3　黄圆蚧、褐圆蚧

6.3.1　防治适期：春梢萌芽前（2 月中旬至 3 月上旬）；第 1 代若虫盛末期（5 月中旬至 6 月上中旬）；第 2 代若虫盛发期（7 月中旬至 8 月下旬）；第 3 代若虫盛发期（8 月中旬至 9 月）。

6.3.2　防治指标：5 ~ 6 月，10% 叶片发现有若虫；7 ~ 10 月，10% 果实发现有若虫 2 头/果。

6.3.3　防治技术：

6.3.3.1　春季清园：按 6.1.2.1 规定执行，但波美 0.8° ~ 1°石硫合剂不在选用之列。

6.3.3.2　药剂防治：6 月中旬，喷 48% 乐斯本（毒死蜱）EC 1 200倍加 95% 机油乳剂 250 倍液或 95% 机油乳剂 120 ~ 150 倍液 1 次，发生严重的园块隔 15 天左右再喷 1 次；若防治效果仍不理想，则在 7 ~ 9 月，再喷 25% 喹硫磷 EC 1 000倍加 25% 噻嗪铜（扑虱灵）WP 1 000 ~ 1 200倍液。

6.4　矢尖蚧

6.4.1　防治适期：春梢萌芽前（2 月中旬至于 3 月上旬）；第 1 代若虫盛末期（5 月下旬）；第 2 代若虫盛发期（7 月下旬至 9 月上旬）；第 3 代若虫盛发期（9 月上旬至 10 月中旬）。

6.4.2　防治指标：2 月中旬至 3 月上旬，春季越冬代雌成虫 0.5 头/梢或 10% 叶片发现有若虫；5 ~ 10 月，若虫 3 ~ 4 头/梢，或者 10% 叶片、果实发现有若虫为害。

6.4.3　防治技术：

6.4.3.1　春季清园：按 6.1.2.1 规定执行，但波美 0.8° ~ 1°石硫合剂不在选用之列。

6.4.3.2　药剂防治：5 月下旬，喷 48% 毒死蜱 EC 800 ~ 1 000倍加 95% 机油乳剂 250 倍液或 95% 机油乳剂单剂 120 ~ 150 倍液，发生严重的园块隔 15 ~ 20 天再喷 1 次；若防治效果不理想，则在 8 ~ 9 月，喷 25% 喹硫磷 EC 1 000倍加 25% 噻嗪酮（扑虱灵）WP 1 000倍或 48% 毒死蜱 EC 800 ~ 1 000 倍液。

6.5　红蜡蚧

6.5.1　防治适期：春梢萌芽前（2 月中旬至 3 月上旬）；若虫高峰期至盛末期

（5 月下旬至 6 月下旬）。

6.5.2　防治指标：10% 的 1～2 年生枝条发现有若虫。

6.5.3　防治技术：

6.5.3.1　春季清园：按 6.1.2.1 规定执行，但波美 0.8°～1°石硫合剂不在选用之列。

6.5.3.2　药剂防治：喷 40% 毒死蜱 EC 800～1 000倍加 95% 机油乳剂 250 倍液或 95% 机油乳剂 120～180 倍液或 25% 喹硫磷 EC 1 000倍加噻嗪铜（扑虱灵）WP 1 200倍液 1～3 次。

6.6　黑刺粉虱

6.6.1　防治适期：春梢萌芽前（2 月中旬至 3 月上旬）；第 1 代若虫盛发期（5 月中下旬）；第 2 代若虫盛发期（7 月下旬至 8 月下旬）；第 3 代若虫盛发期（8 月下旬至 9 月）。

6.6.2　防治指标：2 月中旬至 3 月上旬，春季 5% 叶片发现有越冬代老熟若虫或 0.5 头/梢；5～9 月，若虫 2～3 头/梢，或者 5% 叶片、果实发现有若虫为害。

6.6.3　防治技术：

6.6.3.1 药剂防治：喷 3% 定虫脒 EC 1 000倍或 48% 毒死蜱 EC 1 200倍加 95% 机油乳剂 250 倍液。

6.7　柑橘粉虱

6.7.1　防治适期：第 1 代若虫盛发期（5 月中下旬）；第 2 代若虫盛发期（7 月中旬至 8 月上旬）；第 3 代若虫盛发期（9 月下旬）。

6.7.2　防治指标：20% 叶片、果实发现有若虫为害。

6.7.3　防治技术：按 6.6.3.1 规定执行外，还可选用 10% 吡虫啉 WP 1 500倍或 25% 噻嗪酮 WP 1 000倍或 3% 啶虫脒 EC 1 000倍液。

6.8　柑橘木虱

6.8.1　防治适期：第 1、2 代若虫盛发期（4 月中旬至 6 月上旬）；第 4、5 代若虫盛发期（8 月上旬至 9 月中下旬）。

6.8.2　防治指标：20% 叶片、果实或 5% 嫩梢发现有若虫为害。

6.8.3　防治技术：

6.8.3.1　药剂防治：喷 1% 阿维菌素 EC 2 000倍或 10% 吡虫啉 WP 1 500～2 000倍。

6.9　蚜虫

6.9.1　防治适期：春、秋嫩梢期（4 月上中旬至 5 月中旬、8 月中旬至 9 月下旬）。

6.9.2　防治指标：20% 嫩梢发现有“无翅蚜”为害。

6.9.3　防治技术：

6.9.3.1　化学防治主要对策：重点抓春梢生长期和花期，其次是秋梢期，中心虫株尽可能人工摘嫩梢。

6.9.3.2　药剂防治：选用10%吡虫啉 WP 1 500～2 000倍液、3%啶虫脒（农不老）EC 2 000～2 500倍。

6.10　潜叶蛾

6.10.1　防治适期：夏、秋梢抽发期（7月中旬至9月上旬）。

6.10.2　防治指标：无溃疡病园，50%嫩梢上的未展开叶有为害；历年溃疡病发生园，15%嫩梢上的未展开叶有为害。

6.10.3　防治技术：

6.10.3.1　统一放梢：尽可能抹除夏梢和零星早秋梢，统一放秋梢，特别是中心虫株要人工摘夏梢和早秋梢。

6.10.3.2　药剂防治：用1.8%阿维菌素 EC 2 000～2 500倍或90%灭蝇胺（潜蝇灵）3 000～4 000倍或10%吡虫啉 WP 1 500倍液。

6.11　花蕾蛆

6.11.1　防治适期：花蕾露白时（4月上中旬）；花蕾中后期（4月中下旬）。

6.11.2　防治指标：上年花蕾为害率6%或当年露白花蕾3%有卵寄生。

6.11.3　防治技术：

6.11.3.1　化学防治主要对策：花蕾露白树冠喷药和地面施药同时进行；花蕾中后期主要喷树冠。

6.11.3.2　药剂防治：地面施药，用50%辛硫磷 EC250～300倍液进行地面喷洒；树冠喷药，75%灭蝇胺 EC 4 000～5 000倍或80%敌敌畏 EC800倍或48%毒死蜱 EC 1 200倍液。

6.12　叶甲（恶性叶甲、橘潜叶甲和拟恶性叶甲）

6.12.1　防治适期：春、夏、秋梢抽发期即4月上中旬至5月上旬、6月中下旬、8月中旬至9月上旬。

6.12.2　防治指标：10%新梢发现有卵和幼虫为害。

6.12.3　防治技术：

6.12.3.1　化学防治主要对策：重点抓春梢期防治，其次是保护好秋梢，中心虫株尽可能人工摘嫩梢。

6.12.3.2　药剂防治：选用1.8%阿维菌素 EC 2 000倍液或80%敌敌畏 EC800倍或48%毒死蜱 EC 1 000倍液等。

6.13　尺蠖

6.13.1　防治适期：夏、秋梢抽发期，即6～9月上旬。

6.13.2　防治指标：3%新梢发现有幼虫为害。

6.13.3　防治技术：

6.13.3.1　灯光诱杀：按4.2.4.1规定执行。

6.13.3.2　阻止幼虫化蛹：在老熟幼虫入土化蛹前，可用尼龙薄膜在树干周围上堆6～10厘米厚的湿润松土，引诱其化蛹进行人工灭杀。

6.13.3.3　药剂防治：选用1.8%阿维菌素EC 1 500倍或90%晶体敌百虫800～1 000倍或80%敌敌畏EC800倍或48%毒死蜱EC 1 000倍。

6.14　卷叶蛾

6.14.1　防治适期：春梢期（4月上中旬）；幼果期（5月下旬）；果实膨大后期（9月中下旬）。

6.14.2　防治指标：幼虫3～5头/株。

6.14.3　防治技术：

6.14.3.1　清园：剪除病虫枝与纤弱枝，清扫地面枯枝落叶，冬季减少越冬数量，春季降低发生基数。

6.14.3.2　处理中心虫株：第1代幼虫有中心虫株现象，4月上中旬巡视果园，及时摘除卵块和振动树冠捕捉幼虫。

6.14.3.3　药剂防治：按6.12.3.2规定执行。

6.15　天牛

6.15.1　防治适期：5～10月。

6.15.2　防治指标：有危害即治。

6.15.3　防治技术：

6.15.3.1　人工捕杀：5月发现有虫粪排出时钩杀幼虫；6～8月捕捉成虫，刮杀主干和枝干上的卵块、初孵幼虫；8～10月钩杀幼虫。

6.15.3.2　药剂防治：当钩不出幼虫时用蘸有80%敌敌畏原液的棉花塞往洞口，外封黏泥等物质。

DB331002

台州市椒江区农业标准规范

DB 331002/T 02.5—2010

少核本地早

第5部分：贮藏保鲜

2010-08-03 发布　　　　2010-09-09 实施

台州市质量技术监督局椒江分局　发布

前　　言

为规范少核本地早贮藏保鲜技术，保障消费的食用安全，参照中华人民共和国农业行业标准 NY/T 5016—2001，特制订《无公害少核本地早》系列标准。

本标准按照 GB/T 1.1—2009 给出的规划起草。

本部分是少核本地早无公害生产系列标准的第 5 部分，该系列的其他部分为：

DB331002/T 02.1—2010　少核本地早　第 1 部分　产地环境

DB331002/T 02.2—2010　少核本地早　第 2 部分　苗木

DB331002/T 02.3—2010　少核本地早　第 3 部分　栽培技术规程

DB331002/T 02.4—2010　少核本地早　第 4 部分　主要病虫害防治

DB331002/T 02.6—2010　少核本地早　第 6 部分　商品果

本标准首次发布日期为 2010 年 8 月 3 日。

本标准由椒江区农业林业局、台州市质量技术监督局椒江分局提出。

本标准起草单位：椒江区林特总站

本标准主要起草人：李学斌　叶小富　王林云

少 核 本 地 早

第 5 部分　贮藏保鲜

1　范围

本标准规定了少核本地早（柑橘）果实采收、保鲜、贮藏。

本部分适用于少核本地早（柑橘）采收、保鲜、贮藏。

2　规范性引用文件

下列文件中的条款通过本标准的引用而成为本部分的条款。凡是注日期的引用文件，其随后所有的修改单（不包括勘误的内容）或修订版本均不适用于本部分，然而，鼓励根据本部分达成协议的各方研究是否可使用这些文件的最新版本。凡是不注日期的引用文件，其最新版本适用于本部分。

GB 191 包装贮运图示标志

GB/T 10547 少核本地早贮藏

GB/T 13607 苹果、柑橘包装

3　术语和定义

下列术语和定义适用于 DB 331002/T 02. 5—2010 本部分。

3. 1　腐烂果

遭受病原菌的侵染，部分或全部丧失食用价值的果实。

3. 2　伤果

指受机械伤的果实。

3. 3　泥浆果

果实外表被泥浆粘着的果实。

3. 4　预贮

果实进入贮藏前，置在通风的地方散发田间热和蒸发果皮的水分。

4 采收

4.1 采收工具

4.1.1 果篮：大小适中，内壁光滑，内垫柔软物。

4.1.2 果剪：园头平口，刀口锋利。

4.1.3 人字形梯凳。

4.2 采收条件

4.2.1 果实成熟度：果面着色率达到80%以上。

4.2.2 采收前15天内，应停止灌水、喷水。

4.2.3 采收期间，遇霜、露、雨水未干和雾天不采，大风大雨后隔2天采。

4.3 采收方法

4.3.1 由外到内，由下而上依次进行。有条件者树冠顶部、中部、下部分开放置。

4.3.2 采果者应剪平指甲。采果时不可攀拉果实，遇到采果不便处可用两刀剪法，把果蒂剪平，防止机械伤。

4.3.3 伤果、落地果、泥浆果、病虫害、畸形果、烂果必须另外放置，不得留在橘园内。桔枝等杂物不得混在果中。

4.3.4 采下的果子不可随地堆放，不可日晒雨淋。

5 防腐保鲜

5.1 常用防腐剂。

常用防腐剂见表1。

表1 防腐剂种类与浓度　　单位：mg/kg

防腐剂名称	使用浓度
抑霉唑（戴挫霉）	250～500
双胍辛胺（百可得）	250～500

5.2 防腐保鲜方法

5.2.1 采前喷药：采前3～5天，在表1中任选1种防腐剂按推荐浓度配成药液喷洒树冠，采后果实不必药剂处理。

5.2.2 采后浸果：在表1中任选1种防腐剂按推荐浓度配成药液，与其他药剂的推荐低浓度配成混合液，在采后24小时内，将果实在药液中浸1～3分钟，取出晾干。

6 贮藏

6.1 预贮

果实装入盛果容器（专用塑料箱）中，置在通风条件良好的地方3～5天。

6.2 分级

经预贮果实按商品果要求进行分级。

6.3 包果

分级后的果实，采用聚乙烯薄膜袋或聚乙烯保鲜袋单果包装。

6.4 贮藏用具

可用竹筐、藤篓、塑料箱和木条箱等贮果，用具内壁必须平整、洁净，竹筐、藤篓要垫衬软物。单位贮果量以5～10千克为宜。

6.5 贮藏库房

6.5.1 贮藏库房的选择：通风库、简易库房和民房均可作贮藏库房。

6.5.2 贮藏库房的要求：通风库房应具有良好的通风换气条件和保温保湿能力；普通民房应选择温湿度变化较小而通风保湿良好的房间，贮藏库房要堵塞鼠洞，严防鼠害。

6.5.3 贮藏库房的消毒：

6.5.3.1 果实贮藏前，贮藏库房应打扫干净，用具洗净晒干。在入库前1周，库房要用药剂消毒，药剂可选50%多菌灵500倍或70%托布津600～800倍或1%～2%福尔马林溶液等。

6.5.3.2 入库前2天，每立方米库容用硫黄粉10克+次氯酸钠1克，密闭熏蒸消毒24小时。在入库24小时前，要开窗通风换气。

6.6 贮藏方式

6.6.1 冷藏：贮藏的鲜果要装入贮藏箱内，放在冷藏库内进行贮藏。冷库宜保持温度5～8℃，相对湿度85%±5%，并能换气。贮藏量根据库房大小、堆垛方法而定。

6.6.2 常温贮藏：

6.6.2.1 篓藏与箱藏：将贮藏的鲜果装入篓或箱里，放在温湿度比较稳定的房间进行贮藏。

6.6.2.2 堆藏：宜选在升降温慢、保湿强、易通风换气、较干燥的地方进行堆藏。底部垫稻草等柔软物。堆藏高度不得超过40厘米，每堆中间留通道，便于进行管理，每堆上面覆盖一层既保湿又通气物料。

6.7 贮藏管理

6.7.1 库房门窗要遮光，保持室内温度5～10℃为最适宜，相对湿度85%～

90%，昼夜温差变化尽量要小。

6.7.2　贮藏初期，库房内易出现高温高湿。当外界气温低于库房内温度时，敞开所有通风口，开动排风机械，加速库房内气体交换，降低库房内的温湿度。

6.7.3　当气温低于4℃时，关闭门窗，加强室内防寒保暖，实行午间通风换气。

6.7.4　贮藏后期，当外界气温升至20℃以上时，白天应紧闭通风口，实行早晚通风换气。

6.7.5　当库房内相对湿度降到80%以下时，应加盖塑料薄膜保湿，同时可在地面洒水或盆中放水等方法，提高空气湿度。

6.7.6　定期检查果实腐烂情况，烂果要及时挑出处理。若烂果不多，尽量不翻动果实。

6.7.7　根据果品固有性状和贮藏中的生理变化，贮藏果实应按市场需要适期分批出库。

DB331002

台州市椒江区农业标准规范

DB 331002/T02.6—2010

少核本地早

第6部分：商品果

2010-08-03 发布　　　　2010-09-09 实施

台州市质量技术监督局椒江分局　发布

前　　言

参照中华人民共和国农业行业标准 NY/T 5016—2001，特制订《无公害少核本地早》系列标准。

本标准按照 GB/T 1.1—2009 给出的规划起草。

本部分是少核本地早（柑橘）无公害生产系列标准的第 6 部分，该系列的其他部分为：

DB331002/T 02.1—2010　少核本地早　第 1 部分　产地环境

DB331002/T 02.2—2010　少核本地早　第 2 部分　苗木

DB331002/T 02.3—2010　少核本地早　第 3 部分　栽培技术规程

DB331002/T 02.4—2010　少核本地早　第 4 部分　主要病虫害防治

DB331002/T 02.5—2010　少核本地早　第 5 部分　贮藏保鲜

本标准首次发布日期为 2010 年 8 月 3 日。

本标准由椒江区农业林业局、台州市质量技术监督局椒江分局提出。

本标准起草单位：椒江区林特总站

本标准主要起草人：李学斌　叶小富　王林云

少核本地早

第6部分 商品果

1 范围

本标准规定少核本地早鲜果的质量、试验方法和抽样规则。

本部分适用于少核本地早鲜果的分等、分级、包装、运输。

2 规范性引用文件

下列文件中的条款通过本标准的引用而成为本部分的条款。凡是注日期的引用文件，其随后所有的修改单（不包括勘误的内容）或修订版本均不适用于本部分，然而，鼓励根据本部分达成协议的各方研究是否可使用这些文件的最新版本。凡是不注日期的引用文件，其最新版本适用于本部分。

GB 18406.2—2001 无公害水果安全要求。

GB 2762—2005 食品中污染物限量。

GB 2763—2005 食品中农药最大残留限量。

GB/T 191—2008 包装储运图示标志

3 术语和定义

下列术语和定义适用于 DB331002/T 02.6—2010 的本部分。

3.1 正常风味

甜酸适度，无苦、辣、麻、涩、酒精等异味。

3.2 深疤

果皮上凹陷较深且大，已木栓化的疤痕。

3.3 烟煤病菌污染

病菌覆盖在果面形成一层似烟煤的黑色物。

3.4 机械伤

外界机械力对果实造成的损伤。

3.5 日灼伤

果实受烈日照射后果皮被灼伤后形成的干疤。

3.6 可食率

果实可食部分占全果重的百分比。

4 分等分级

4.1 要求

少核本地早（柑橘）各等级果具有该品种成熟后固有的色泽、香气和正常风味。

4.2 分等

少核本地早（柑橘）鲜果按外观、可溶性固形物和可食率指标分为Ⅰ等、Ⅱ等和Ⅲ等，达不到Ⅲ等指标的，均为等外果，见表1。

表1 少核本地早质量等级

项　目	Ⅰ等	Ⅱ等	Ⅲ等
果　形	端正、扁圆形或高扁圆形		
色　泽	橙黄色或深橙黄色	橙黄色	橙黄色
着色率（%）	≥90	≥80	≥80
果面光洁度等	果面光洁、无机械伤和深疤		
日灼、病虫斑等附着物占果面总面积的百分比	≤6	≤7	≤10
可溶性固形物含量（%）	≥10.5	≥10.0	≥9.5
可食率（%）		≥70.0	≥70.0

4.3 分级

少核本地早依据单果的横径分为L、M、S级，大于L级和小于S级的均为等外品，见表2。

表2 少核本地早大小等级

项　目	品名	L级	M级	S级	等外
横径（毫米）	少核本地早	46≤d<50	41≤d<46	36≤d<41	50≤d或d<36

5 卫生指标

按GB 18406.2—2001规定执行。

6 植物检疫

依照国务院《植物检疫条例》执行。

7　试验方法

7.1　果形、色泽、着色率

以目测检验为准。

7.2　可溶性固形物含量

用手持测糖仪或阿贝折光仪检验。

7.3　可食率

用天平称出全果重、外果皮和种子重（单位：克），然后按公式（1）计算。

$$可食率（\%）=\frac{全果重-（果皮重+种子重）}{全果重}\times 100 \qquad (1)$$

7.4　等级差

用衡器称重。

8　检验规则

8.1　抽样

同一生产单位或同一批次果实为一检验批，但一批数量最多不超过2 000箱。抽样比例以箱计，按2%随机抽检。最少不少于5箱，最多不超过40箱。

8.2　检验分类

分型式检验和交收检验。

8.3　检验项目

型式检验按4规定执行，交收检验按4.2、4.4规定执行。

8.4　每批商品果必须进行交收检验，如有下列情况应进行型式检验。

8.4.1　种植管理技术有重大改变时。

8.4.2　新开发果园首次挂果时。

8.4.3　客商或合同有要求时。

8.4.4　质量监督部门有要求时。

8.5　判定规则

对抽样待检的样果，要逐箱逐果进行合格判定。凡有任何一项不符合4.2、4.3规定，即判定为不合格果；不合格果超过10%时，判定该箱为不合格，并予标记与记录；每批的不合格箱数超过10%时，就判定该检验批为不合格。对不合格批，根据需要，可加倍抽样重复检验一次，若仍不合格时，则应重新分级和检测，但卫生指标中有一项指标检验不合格的，即判为不合格。

9　包装

9.1　包装材料要求

应采用清洁、干燥、质地轻而坚固、无异味、不吸水的纸箱。

9.2　标志

包装箱外边应写明商标、品种、等级、重量、产地、产品标准号。包装箱上的图示标志符合 GB/T 191—2008 之规定要求。

10　运输

10.1　轻拿、轻放、避免摩擦、挤压和碰撞

10.2　交运手续力求简便、迅速

10.3　包装箱一定要牢固。不同型号包装箱分开装运

10.4　排列整齐，以利通风

10.5　严防日晒、雨淋

ICS：03.080.01
B05

DB3310

台　州　市　地　方　标　准　规　范

DB 3310/T 28—2015

少核本地早柑橘种植技术规程

2015-04-27 发布　　2015-05-27 实施

台州市质量技术监督局　发布

前　言

本标准规范按照 GB/T 1. 1—2009 给出的规则起草。
本标准规范由台州市质量技术监督局提出。
本标准规范由台州市农业局归口。
本标准规范起草单位：台州市椒江区林业特产总站。
本标准规范主要起草人：李学斌、王林云、叶小富、林玉祥。
本标准规范为首次发布。
本标准规范的附录 A、附录 B 为规范性附录。

少核本地早柑橘种植技术规程

1　范围

本标准规范规定了少核本地早柑橘生产所要求的园地选择与规划、栽植、土肥水管理、整形修剪、花果管理、灾害性天气防御、病虫害防治以及采收贮藏等技术。

本标准规范适用于少核本地早柑橘品种。

2　规范性引用文件

下列文件对于本文件的应用是必不可少的。凡是注日期的引用文件，仅所注日期的版本适用于本文件。凡是不注日期的引用文件，其最新版本（包括所有的修改单）适用于本文件。

GB 2763 食品安全国家标准 食品中农药最大残留限量

GB 4285 农药安全使用标准

GB 5084 农田灌溉水质标准

GB/T 8321　农药合理使用准则（所有部分）

GB/T 18407.2　农产品安全质量 无公害水果产地环境要求

NY/T 227　微生物肥料

NY/T 394　绿色食品、肥料使用准则

3　术语和定义

3.1　主枝

从主干分生出来的大枝条。

3.2　副主枝

从主枝上分生出来的较大枝条。

3.3　侧枝

从主枝、副主枝上分生出来的小枝条。

3.4　绿叶层

树冠外缘至内膛之间叶片相对密集部分的厚度。

3.5　树高率

树体高度与树冠直径的比例。

3.6　树冠覆盖率

树冠投影面积与园地面积的比例。

3.7　摘心

摘去营养枝顶部幼嫩部分。

3.8　抹芽

抹除或削去嫩芽。

3.9　短截

剪去枝梢的一部分。

3.10　疏删

将枝梢从基部剪去。

3.11　回缩

在多年生枝条上短截。

3.12　叶花比

树冠叶片与花数的比例。

3.13　叶果比

树冠叶片数与结果数的比例。

3.14　营养生长期

从定植到开始结果的时期。

3.15　生长结果期

从开始结果到有一定经济产量的时期。

3.16　盛果期

从有经济产量起经过高额稳定产量期至产量出现连续下降阶段初期的时期。

3.17　衰老期

经盛果期后，从产量持续下降到无经济效益的时期。

3.18　暂时萎蔫

因高温干旱缺水，叶或茎的幼嫩部分出现暂时性萎蔫（中午前后最为明显），翌日早晨能够恢复原状的现象。

3.19　有机肥料

由含丰富有机物质的生物排泄物、动植物残体、生物废弃物等组成，并经无害化处理后形成的肥料。

3.20　无机（矿质）肥料

矿物经粉碎、筛选等物理工艺制成养分呈无机盐形式的肥料。

3.21 微生物肥料

能提供特定肥料效应的无毒、无害、不污染环境的活微生物制剂。

3.22 复混肥

有机肥料和无机（矿质）肥料经机械方法混合形成的肥料。

3.23 叶面肥料

喷施于植物叶面并能被其吸收利用的肥料。

4 要求

4.1 园地选择与规划

4.1.1 园地选择：

4.1.1.1 产地环境：应符合 GB/T18407.2 的规定要求。

4.1.1.2 地形地势：

4.1.1.2.1 平原、海涂：宜选择不受水淹，淡水资源丰富，便于脱盐和排灌的土地。

4.1.1.2.2 山坡地：宜选择背风向阳，海拔200米以下，坡度20°以下的山坡地。

4.1.1.3 土壤条件：土壤质地良好，疏松肥沃，有机质含量在1.5%以上，土层深厚，活土层在50厘米以上，地下水位离畦面低于100厘米。宜选择pH值6~8，海涂地宜选择含盐量1‰以下的淡涂泥、黏质壤土。

4.1.2 建园：

4.1.2.1 园地规划：修筑道路、排灌和蓄水、附属建筑等设施，营造防护林。防护林宜选择速生树种，并与柑橘没有共生性病虫害。

4.1.2.2 海涂地脱盐改土：以两行开一条畦沟，畦沟深1米，宽0.8米，并在中间开一条深0.3米的浅沟。围沟开设深1.3米，宽1.5米，做到沟沟相通，加速脱盐。

4.2 栽植

4.2.1 栽植时间：

4.2.1.1 春季栽植：在2月下旬至3月中旬春梢萌芽前栽植。

4.2.1.2 秋季栽植：以9月中旬至10月中旬为宜。容器苗和带土移栽不受季节限制。

4.2.2 栽植密度：每亩栽植35~55株，株行距（3~4）米×（4~4.5）米。具体密度应根据砧穗组合、立地条件和管理水平而定。

4.2.3 栽植技术：

4.2.3.1 平原海涂地栽植：按株行距要求，将墩底挖深30厘米，填压基肥，每公顷施入有机肥或绿肥25~30吨，加客土筑墩，墩高80厘米，沉实后保持60厘米，墩基直径2米，上口直径1.2米，经风化后定植。或起垄种植，采用1行树1条垄方式整地改土。将耕作层土壤聚集成宽（1.6～2.0）米、高（0.6～0.8）米的长条形土垄。将苗木的根系和枝叶适度修剪后放入穴中央，舒展根系，扶正，边填土边轻轻提苗，踏实，使根系与土壤密接。在根系范围浇足定根水。栽植深度以根颈露出地面5厘米、定植穴填土高于畦面15厘米左右为宜。

4.2.3.2　山坡地栽植：在畦面中心挖直径1米、深0.8米的定植穴或定植沟，将腐熟的厩肥以每公顷（30～40）吨与穴土拌匀，回填到穴深（30～40）厘米时，定植方式同4.2.3.1。

4.2.4　栽植后管理：保持土壤湿润。天气晴旱，勤浇施稀薄肥水，根际覆草保湿；发现卷叶，及时疏剪叶片与根外追肥；立防风杆，防止摇动，发现死株，及时补植。

4.3　土肥水管理

4.3.1　土壤管理：

4.3.1.1　深翻扩穴，熟化土壤：深翻扩穴一般在秋梢停长后进行，从树冠外围滴水线处开始，逐年向外扩展（40～50）厘米，深翻（40～60）厘米。回填时混以绿肥、秸秆或经腐熟的人畜粪尿、堆肥、饼肥等，表土放在底层，心土放在上层，然后对穴内灌足水分。

4.3.1.2　间作绿肥或生草：园地宜实行生草制。种植的间作物或草类应与少核本地早无共生性病虫害、浅根、矮杆，以豆科植物和禾本科牧草为宜。春季绿肥在4月下旬至5月下旬深翻压绿，夏季绿肥在干旱时割绿覆盖。或者，春季与梅雨季节生草，出梅后及时刈割翻埋于土壤中或覆盖于树盘。

4.3.1.3　覆盖与培土：高温或干旱季节，树盘用秸秆等覆盖，厚度（15～20）厘米，覆盖物应与根颈保持10厘米左右的距离。培土宜在立冬前进行，可培入塘泥、河泥、田泥及其他肥土，厚度（8～10）厘米，切忌客土盖住嫁接口。

4.3.1.4　中耕：在夏、秋季和采果后进行，每年中耕1～2次，保持土壤疏松。中耕深度（8～15）厘米，山坡地宜深，平地宜浅。雨季不宜中耕。

4.3.2　施肥：

4.3.2.1　施肥原则：以有机肥为主，合理施用无机肥，有机肥施用量占施肥量的50%以上。

4.3.2.2　肥料种类的质量：按NY/T 394的规定选择肥料种类，微生物肥料中有效活菌数量必须符合NY/T 227的规定。

4.3.2.3　施肥方法：

4.3.2.3.1　土壤施肥：可采用环状沟施、条沟施和土面撒施等方法。速溶性化肥应浅沟（穴）施，有微喷和滴灌设施的园地，可选用冲施肥进行液体施肥。

4.3.2.3.2　根外追肥：在不同的生长发育期，选用不同种类的肥料进行根外追肥，以补充树体对营养的需求。高温干旱期应按使用浓度范围的下限施用。果实采收前20天内停止根外追肥。

4.3.2.4　幼树施肥：勤施薄施，以氮肥为主，配合施用磷、钾肥。栽植当年，成活后开始施用，每年3月至8月中旬，每月施1～2次10%腐熟人粪尿或1%～1.2%尿素液；8月下旬至10月上旬停止施肥，顶芽自剪至新梢转绿前增加根外追肥；11月施越冬肥。1～3年生幼树单株年施纯氮100～300克，氮：磷：钾以1：0.3：0.5左右为宜，施肥量应逐年增加。

4.3.2.5　结果树施肥：

4.3.2.5.1　施肥量：以每产果1 000千克施纯氮（8～11）千克，氮：磷：钾以1：（0.6～0.9）：（0.8～1.1）为宜。

4.3.2.5.2　施肥时间施肥比例：①采果肥：采前7～10天施下，施足量的有机肥（基肥），施用量占全年的40%～50%；②芽前肥：2月中下旬，以氮肥为主配施磷肥，施用量占全年的15%～25%；③稳（壮）果肥：7月底至8月初，以钾为主，配合施用磷肥，施用量占全年的30%～40%。

4.3.2.5.3　补充施肥：①叶面追肥：微量元素肥在新梢生长期施用，以缺补缺，作叶面喷施。谢花期、果实膨大期、冬季休眠期可视树势情况，喷洒叶面肥。②地面补肥：花蕾期出现花量过多，树势虚弱，可施速效氮肥；壮果期挂果量多，可施少量氮肥、增施钾肥。

4.3.3　水分管理：

4.3.3.1　灌溉：灌溉水应符合GB 5084。发生干旱和寒潮来临前应及时灌溉。

4.3.3.2　排水：及时清淤，疏通排灌系统。多雨季节、台风季节或果园积水时疏通沟渠及时排水。果实采收前一个月内控制水分供应，如遇到多雨天气，可通过地膜覆盖或薄膜覆盖树冠，降低土壤水分，提高果实品质。

4.4　整形修剪

4.4.1　树形：自然开心形。干高30厘米左右，主枝3～4个，分枝角度30°～50°，各主枝上配置副主枝2～3个，树高控制在（2.5～3）米以下。

4.4.2　修剪方法：

4.4.2.1　修剪时期：主要为2～3月。另外可根据不同生长期，进行疏删花枝、抹芽控梢、摘心、剪除徒长枝、疏删营养枝等辅助修剪。

4.4.2.2　幼树：以轻剪为主。避免过多的疏剪和重短截。除适当疏删过密枝梢外，内膛枝和树冠中下部较弱的枝梢一般均应保留。剪除所有晚秋梢。

4.4.2.3　初结果树：继续选择和短截处理各级骨干延长枝，抹除顶部夏梢，促发健壮秋梢。对过长的营养枝留8～10片叶及时摘心，回缩或短截结果后的枝组。抽生较多夏、秋梢营养枝时，可采用三三制处理；短截1/3强势枝，疏去1/3衰弱枝，保留1/3中庸枝。剪除所有晚秋梢。秋季对旺盛生长的树采用环割、断根、控水等促花措施。

4.4.2.4　盛果树：保持生长与结果的相对平衡，绿叶层厚度（1.5～2）米，树冠覆盖率70%～80%，树冠间距（10～15）厘米，树冠开张，各级枝的角度应大于45°。及时回缩结果枝组、落花落果枝组和衰退枝组。骨干枝过多和树冠郁闭严重的树，可用大枝修剪法，锯去中间直立性骨干大枝，开出“天窗”，将光线引入内膛；当年抽生的夏、秋梢，短截或疏删其中部分枝梢。对无叶枝组，在重疏删基础上，短截大部分或全部枝梢，剪除所有晚秋梢。

4.4.2.5　衰老树：锯除过密的大枝（包括主枝和副主枝），回缩衰弱枝组，疏删密弱枝群，短截所有夏、秋梢和有叶结果枝。及时做好剪后伤口的护理工作。经更新修剪后促发的夏、秋梢进行截强、留中、去弱的方式处理。

4.4.3　修剪注意点：修剪顺序是先大枝后小枝，先上后下，先内后外。锯口或大伤口应剃平后涂保护剂。对多次抹芽后产生的节瘤，应在最后一次抹芽时剪除。修剪后的枝叶，应及时运离园地。

4.5　花果管理

4.5.1　疏花疏果：

4.5.1.1　疏花：冬季修剪以短截、回缩为主；花量较大时，花期补剪，适量剪去花枝。强枝适当多留花，弱枝少留或不留。有叶单花多留，无叶花少留或不留，抹除畸形花、病虫花等。

4.5.1.2　疏果：分两次进行。在定果后（7月中旬至8月），疏除小果、病虫果、畸形果、密生果。

4.5.2　保花保果：

4.5.2.1　控梢保果：春梢长至（2～4）厘米时，适当疏去树冠顶部及外部的春梢，内膛和下部的枝条留5～7叶摘心。抹去6～7月上旬抽生的夏梢。

4.5.2.2　营养保果：视树体营养状况，开花后不定期进行根外追肥，补充树体所缺的各种营养元素。

4.5.2.3　植物生长调节剂保果：少花树、多花树、结果性能差的树及遇到异常气候时，盛花期至谢花期喷一次50×10^{-6}的赤霉素。

4.5.2.4　环剥保果：树势强旺又结果性能差的树，选枝条直径（3～4）厘米的副主枝或结果枝组，在花谢2/3前后用环剥工具进行环剥，环剥口宽度为(0.2～0.3）厘米。在剥后20～30天发现环剥口已经提前愈合的，可用钢锯条擦去原环剥口愈伤组织，防止提前愈合。或对原环剥口选用专用环剥刀重新环剥一次。

4.6　灾害性天气防御

4.6.1　冻害防御：

4.6.1.1　栽培措施预防：

4.6.1.1.1　适地适栽，选择良好的地形地势。

4.6.1.1.2　营造防护林。

4.6.1.1.3　加强肥水管理及病虫害防治，控制结果量和晚秋梢，增强树势，提高抗寒能力。

4.6.1.2　冻害预防：

4.6.1.2.1　涂白，冬季选用生石灰0.5千克，硫黄粉0.1千克，水（3~4）千克，加食盐20克左右，调匀涂主干大枝。

4.6.1.2.2　树盘培土，培高30厘米以上。包扎主干。

4.6.1.2.3　地面覆盖，搭防冻棚，设防风障等。

4.6.1.2.4　干旱时中午适当灌水，寒潮来临时熏烟。

4.6.1.3　冻后护理：

4.6.1.3.1　轻冻树：及时摘除受冻后卷曲干枯的未落叶片，薄肥勤施。也可用0.2%尿素和0.2%磷酸二氢钾根外追肥2~3次，以利恢复树势。

4.6.1.3.2　重冻树：在春芽萌发、确定死活分界后，在分界线下（2~4）厘米的活枝处锯除受冻部分，刹平锯口，注意伤口保护。

4.6.1.3.3　春芽萌芽后，重视肥培管理，做好根外追肥、开沟排水及树脂病等病虫防治。

4.6.2　台涝防御：

4.6.2.1　防御措施：

4.6.2.1.1　建立网格化防护林。

4.6.2.1.2　采取立枝柱支撑挂果枝条，防止果实撞伤而感病。

4.6.2.1.3　开沟排水，排除积水，防止大潮汛淹水座浆霉根。

4.6.2.1.4　雨后培土护根，保护根系正常生长与吸收功能。

4.6.2.1.5　台风过后，及时剪除折断的枝梢或疏删果实，以保持树体上下平衡，防止死亡。

4.6.2.1.6　雨后及时采用叶面施肥，喷杀菌剂预防病害。

4.6.3　干旱防御：

4.6.3.1　覆盖：霉雨季节结束后立即进行树盘覆盖，厚度（15~20）厘米。

4.6.3.2　灌溉浇水：连续旱晴10~15天，进行浅沟灌水，并浇透畦面，促使果实正常发育。

4.6.3.3　枝干涂白。

4.6.3.4　早晚喷水和根外追肥。

4.7　病虫害防治

4.7.1　防治原则：遵循“预防为主，综合治理”的植保方针，从果园生态系统出发，以保健栽培为基础，创造不利于病虫滋生而有利于天敌繁衍的环境条件，充分发挥作物对危害损失的自身补偿能力和自然天敌的控制作用，保持果园生态平衡，在预测预报的基础上，优先协调运用植物检疫、农业防治、物理防治和生物防治，在达到防治指标时合理组配农药应用技术，达到有效控制病虫危害、减少农药残留量、确保少核本地早优质丰产的目的。

4.7.2 防治措施：

4.7.2.1 预测预报：根据病虫害的发生流行与少核本地早等寄主植物及环境之间的相互关系，对病害利用田间病情观察法、病原物数量和动态检查法、气象条件病害流行预测法等，对害虫利用调查法、物候法、诱集法、饲养法、期距法、有效积温法等方法，分析推断病害的始发期和发生程度，以及害虫卵孵（若虫）始盛期、高峰期、盛末期，以确定防治适期和合理的防治技术。

4.7.2.2 植物检疫：严格执行国家规定的植物检疫制度，防止检疫性病虫从疫区传入保护区。

4.7.2.3 农业防治：

4.7.2.3.1 选用品种：选用优良株系和抗病虫较强的砧木。

4.7.2.3.2 建好园地：搞好果园道路、灌溉和排水系统、防风设施（防风林或防风帐）的建设。

4.7.2.3.3 间作或生草：园内宜实行生草制，种植的间作物或生草应是与柑橘无共生性病虫、浅根、矮秆，以豆科植物和禾本科牧草为宜，适时刈割翻埋于土壤中或覆盖于树盘。

4.7.2.3.4 保健栽培：加强果园培育管理，适时深翻土壤，合理施肥、修剪、更新、间伐和排灌水，确保树势健壮。

4.7.2.3.5 及时清园：平时剪除病虫枝和枯枝，对于危险性病虫害还应及时清除枯枝、落叶和落果，销毁，减少或消灭病虫源。

4.7.2.3.6 人工放梢：抹芽控梢，统一放梢，降低病虫基数，减少用药次数。

4.7.2.4 物理防治：

4.7.2.4.1 灯光诱杀：利用害虫的趋光性，在其成虫发生期，田间每隔100～200米点1盏紫光灯或频振式杀虫灯，灯下放大盆，盆内盛水，并加少许柴油或煤油，诱杀蛾类、金龟子等飞虫。

4.7.2.4.2 趋性诱杀：拟小黄卷叶蛾等害虫对糖、酒、醋液有趋性，可加入农药诱杀；利用麦麸或生草诱集处理蜗牛；利用黄板诱集处理蚜虫等。

4.7.2.4.3 寄主诱杀：当嘴壶夜蛾发生严重时，可种中间寄主木防已，引诱成虫产卵，再用药剂杀灭幼虫。

4.7.2.4.4 人工捕杀：人工捕捉天牛、蚱蝉、金龟子等害虫。尤其是对发生轻且危害中心明显或有假死性的害虫宜用人工捕杀。

4.7.2.5 生物防治：

4.7.2.5.1 改善果园生态环境：主要是合理选配农药，保护天敌。

4.7.2.5.2　人工引移、饲放天敌：从病虫害老发区引进天敌并释放，用座壳孢菌控制黑刺粉虱；用尼氏钝绥螨等控制螨类；用日本方头甲、红点唇瓢虫和金黄蚜小蜂等控制矢尖蚧；用松毛虫赤眼蜂等控制卷叶蛾等。

4.7.2.5.3　适用农药：提倡使用生物源农药（微生物农药、植物源农药和动物源农药）和矿物源农药，尽可能利用性诱剂加少量其他农药杀灭蛾类。

4.7.2.6　化学防治：

4.7.2.6.1　实行指标化防治：加强病虫的测报，掌握发生动态，达到防治指标时根据环境和少核本地早的物候期适时对症用药。

4.7.2.6.2　农药种类选择：按农药种类有关标准规定执行。

4.7.2.6.3　农药使用准则：按 GB 2763、GB 4285、GB/T 8321 执行，防治要到位，喷施要得法，注意残效期，严格掌握安全间隔期，提倡低容量细喷雾。

4.7.3　主要病害防治技术：主要病害防治技术应符合附录 A 的规定。

4.7.4　主要虫害防治技术：主要虫害防治技术应符合附录 B 的规定。

4.8　采收贮藏

4.8.1　采收：

4.8.1.1　采收工具：

4.8.1.1.1　果篮：大小适中，内壁光滑，内垫柔软物。

4.8.1.1.2　果剪：园头平口，刀口锋利。

4.8.1.1.3　人字形梯凳。

4.8.1.2　采收条件：

4.8.1.2.1　果实成熟度：果面着色率达到 80% 以上。

4.8.1.2.2　采收前 15 天内，应停止灌水、喷水。

4.8.1.2.3　采收期间，遇霜、露、雨水未干和雾天不采，大风大雨后隔 2 天采。

4.8.1.3　采收方法：

4.8.1.3.1　由外到内，由下而上依次进行。有条件者，树冠顶部、中部、下部果实分开放置。

4.8.1.3.2　采果者应剪平指甲。采果时不可攀拉果实，遇到采果不便处可用两刀剪法，把果蒂剪平，防止机械伤。

4.8.1.3.3　采下的果子不可随地堆放，不可日晒雨淋。

4.8.2　防腐保鲜：

防腐剂选择应符合 GB 2763 要求。

4.8.3　贮藏：

4.8.3.1　预贮：果实装入盛果容器（专用塑料箱）中，置在通风条件良好的地方 3 ~ 5 天。

4.8.3.2　贮藏用具：可用竹筐、藤篓、塑料箱和木条箱等贮果，用具内壁必须平整、洁净，竹筐、藤篓要垫衬软物。单位贮果量以5～10千克为宜。

4.8.3.3 贮藏库房：库房应具有良好的通风换气条件，保温保湿、防鼠能力，通风库、简易库房和民房均可作贮藏库房。贮藏库房应打扫干净，及时消毒。

4.8.3.4 贮藏方式：冷藏。贮藏的鲜果要装入贮藏箱内，放在冷藏库内进行贮藏。冷库宜保持温度5～8℃，相对湿度85%±5%，并能换气。贮藏量根据库房大小、堆垛方法而定。常温贮藏。可选择篓藏、箱藏、堆藏等方式。

4.8.3.5 贮藏管理：库房门窗要遮光，做好通风、降温、保湿等措施。定期检查果实腐烂情况，烂果要及时挑出处理。若烂果不多，尽量不翻动果实。

附 录 A
（规范性附录）
主要病害防治技术

A.1 疮痂病

A.1.1 防治适期

枝梢顶部春芽长1厘米以下时；花谢2/3时；幼果期。

A.1.2 防治指标

上年秋梢叶片发病率5%；幼果发病率20%。

A.1.3 防治技术

A.1.3.1 化学防治主要对策：上年秋梢叶发病率5%以下的园块，主要抓花谢2/3时喷药；发病率5%以上的园块，顶部春芽长1厘米以下时和花谢2/3时均需喷药；幼果期根据防治指标结合天气预报雨日的多少喷药，雨日少不喷，雨日多喷1～2次。

A.1.3.2 及时清园：清除病枝、枯枝、落叶和落果。

A.1.3.3 药剂防治：春梢期药剂宜选用0.5%～0.8%等量式波尔多液；花谢2/3时可选用78%科博WP（可湿性粉剂，下同）600倍或80%代森锰锌WP600～800倍或75%百菌清WP800倍或25%溴菌清WP800倍液；幼果期宜用75%百菌清WP800倍或25%溴菌清WP800倍或5%霉能灵WP600～800倍液。

A.2 树脂病（黑点病、沙皮病、流胶病）

A.2.1 防治适期

4～9月。

A.2.2 防治指标

主干和枝条上见病斑即治；枝梢、叶和果实上去年发病较重的园块在各主要防治适期均需喷药保护。

A.2.3　防治技术

A.2.3.1　农业防治：按4.7.2.3规定执行。

A.2.3.2　药剂防治：主干和枝条上的病斑用刀刮除，先用75%酒精或10%纯碱水消毒后，再涂5%波尔多浆或常用杀菌剂30-50倍液保护伤口，伤口宽度达到主干或枝干周长1/5以上的须用反光膜包扎；枝梢和果实发病用80%代森锰锌WP800倍或78%科博WP600倍液。

A.3　炭疽病

A.3.1　防治适期

新梢抽发期；花谢2/3时；每次大（台）风暴雨之后的果实生长期；果实成熟前期。

A.3.2　防治指标

梢、叶、花或果实发病率4%～5%。

A.3.3　防治技术

A.3.3.1　农业防治：按4.7.2.3规定执行。

A.3.3.2　药剂防治：第1次（春梢抽发期）0.8%等量式波尔多液或78%科博WP500倍液；第2次（花谢2/3时）喷25%溴菌清WP600 800倍或80%代森锰锌WP600～800倍或75%百菌清WP800倍液；第3次（第2次药后15天左右）选用第2次可用但未用的药剂；7～9月可喷75%百菌清WP800倍或25%溴菌清WP800倍或25%咪鲜胺乳油800～1 000倍液。

A.4　黑斑病（黑星病）

A.4.1　防治适期

幼果期（谢花后至1个半月内，一般为5～6月）。

A.4.2　防治指标

上年果实上有明显发病的园块。

A.4.3　防治技术

A.4.3.1　农业防治：按4.7.2.3规定执行。

A.4.3.2　药剂防治：结合春季清园喷1次0.8°～1°石硫合剂；幼果期可喷75%百菌清WP800倍或70%甲基托布津WP800倍或50%多菌灵WP600倍或80%代森锰锌WP800倍或78%科博WP600倍液。

A.5　黄斑病（脂点黄斑病、脂斑病和褐色小圆星病）

A.5.1　防治适期

新叶展开期；花谢2/3时。

A. 5. 2　防治指标

上年老叶 5% 发病的树或园块。

A. 5. 3　防治技术

主要抓春叶展开期和花谢 2/3 时的防治，适用药剂参照 A. 4. 3. 2。

A. 6　病毒病（衰退病、碎叶病）

A. 6. 1　防治适期

全年。

A. 6. 2　防治指标

树上出现明显症状。

A. 6. 3　防治技术

A. 6. 3. 1　培育无病壮苗：在隔离区建设无病苗圃，从无病母树上采穗，培育无病苗木，建立无病区。

A. 6. 3. 2　农业防治：按 4. 7. 2. 3 规定执行，严重的病株应及时挖除。

A. 6. 3. 3　消灭蚜虫、木虱等媒介昆虫，防治技术按 4. 7. 2 规定执行。

附　录　B
（规范性附录）
主要虫害防治技术

B. 1　橘全爪螨（红蜘蛛）

B. 1. 1　防治适期与指标

早春（2 月下旬至 3 月中旬）1 ~ 2 头/叶；3 月下旬至花前 2 ~ 3 头/叶；花后至 9 月 5 ~ 6 头/叶；10 ~ 11 月 2 头/叶。

B. 1. 2　防治技术

B. 1. 2. 1　春季清园：春梢萌芽前喷波美 0. 8° ~ 1°石硫合剂或松碱合剂 8 ~ 10 倍或 45% 松脂酸钠 WP100 倍或 95% 机油乳剂 60 ~ 100 倍液。

B. 1. 2. 2　春芽至谢花前用药：15% 哒螨酮 1 200倍加 5% 噻螨酮 EC（乳油，下同）1 000 ~ 1 500倍或 20% 四螨嗪 SC（悬浮剂，下同）/WP 1 500 ~ 2 000倍液。

B. 1. 2. 3　其他季节适用药剂：除按 B. 1. 2. 2 规定之外，还可选用 95% 机油乳剂 150 ~ 200 倍液或 73% 克螨特 EC 2 000 ~ 2 500倍（幼果期 30℃以上不宜使用）或 25% 三唑锡 WP 1 500 ~ 2 000倍或 20% 双甲脒 EC 1 000 ~ 1 500倍或 50% 苯丁锡（托尔克）WP 2 000 ~ 3 000倍液，或 24% 螨危（螺螨酯）悬浮剂 3 000 ~ 4 000倍液。

B.2　橘锈螨（锈壁虱）

B.2.1　防治适期

5月中旬至10月。

B.2.2　防治指标

5月下旬至6月，叶片或果实上在10倍放大镜下1～2头/视野，或者当年春梢叶背初现被害状；7～10月，叶片或果实上在10倍放大镜下3头/视野，或者1块果园中发现1个果出现被害状；或者5%叶、果有锈螨。

B.2.3　防治技术

B.2.3.1　春季清园：按B.1.2.1规定执行。

B.2.3.2　药剂防治：按B.1.2.2，B.1.2.3规定执行，但5%噻螨酮EC不在选用之列。

B.3　黄圆蚧、褐圆蚧

B.3.1　防治适期

春梢萌芽前（2月中旬至3月上旬）；第1代若虫盛末期（5月中旬至6月上中旬）；第2代若虫盛发期（7月中旬至8月下旬）；第3代若虫盛发期（8月中旬至9月）。

B.3.2　防治指标

5～6月，10%叶片发现有若虫；7～10月，10%果实发现有若虫2头/果。

B.3.3　防治技术

B.3.3.1　春季清园：按B.1.2.1规定执行，但波美0.8°～1°石硫合剂不在选用之列。

B.3.3.2　药剂防治：6月中旬，喷48%乐斯本（毒死蜱）EC1200倍加95%机油乳剂250倍液或95%机油乳剂120～150倍液1次，发生严重的园块隔15天左右再喷1次；在7～9月，喷48%乐斯本（毒死蜱）EC 800～1 000倍加25%噻嗪酮（扑虱灵）WP 1 000～1 200倍液，或用22%特福力（氟啶虫胺腈）悬浮剂4 000倍液。

B.4　矢尖蚧

B.4.1　防治适期

春梢萌芽前（2月中旬至于3月上旬）；第1代若虫盛末期（5月下旬）；第2代若虫盛发期（7月下旬至9月上旬）；第3代若虫盛发期（9月上旬至10月中旬）。

B. 4. 2　防治指标

2 月中旬至 3 月上旬，春季越冬代雌成虫 0. 5 头/梢或 10% 叶片发现有若虫；5 ~10 月，若虫 3 ~4 头/梢，或者 10% 叶片、果实发现有若虫为害。

B. 4. 3　防治技术

B. 4. 3. 1　春季清园：按 B. 1. 2. 1 规定执行，但波美 0. 8° ~1°石硫合剂不在选用之列。

B. 4. 3. 2　药剂防治：5 月下旬，喷 48% 毒死蜱 EC 800 ~1 000倍加 95% 机油乳剂 250 倍液或 95% 机油乳剂单剂 120 ~150 倍液，发生严重的园块隔 15 ~20 天再喷 1 次；若防治效果不理想，则在 8 ~9 月，喷 22% 特福力（氟啶虫胺腈）悬浮剂 4 000倍液或 48% 毒死蜱 EC 800 ~1 000倍液加 25% 噻嗪酮（扑虱灵）WP 1 200倍。

B. 5　红蜡蚧

B. 5. 1　防治适期

春梢萌芽前（2 月中旬至 3 月上旬）；若虫高峰期至盛末期（5 月下旬至 6 月下旬）。

B. 5. 2　防治指标

10% 的 1 ~2 年生枝条发现有若虫。

B. 5. 3　防治技术

B. 5. 3. 1　春季清园：按 B. 1. 2. 1 规定执行，但波美 0. 8° ~1°石硫合剂不在选用之列。

B. 5. 3. 2　药剂防治：喷 40% 毒死蜱 EC 800 ~1 000倍加 95% 机油乳剂 250 倍液或 95% 机油乳剂 120 ~180 倍液或 25% 喹硫磷 EC 1 000倍加噻嗪铜（扑虱灵）WP 1 200倍液 1 ~3 次。

B. 6　黑刺粉虱

B. 6. 1　防治适期

春梢萌芽前（2 月中旬至 3 月上旬）；第 1 代若虫盛发期（5 月中下旬）；第 2 代若虫盛发期（7 月下旬至 8 月下旬）；第 3 代若虫盛发期（8 月下旬至 9 月）。

B. 6. 2　防治指标

2 月中旬至 3 月上旬，春季 5% 叶片发现有越冬代老熟若虫或 0. 5 头/梢；5 ~9 月，若虫 2 ~3 头/梢，或者 5% 叶片、果实发现有若虫为害。

B. 6. 3　防治技术

药剂防治：喷 3% 定虫脒 EC1000 倍或 48% 毒死蜱 EC 1 200倍加 95% 机油乳剂 250 倍液。

B.7　柑橘粉虱

B.7.1　防治适期

第1代若虫盛发期（5月中下旬）；第2代若虫盛发期（7月中旬至8月上旬）；第3代若虫盛发期（9月下旬）。

B.7.2　防治指标

20%叶片、果实发现有若虫为害。

B.7.3　防治技术

按6.6.3.1规定执行外，还可选用10%吡虫啉WP 1 500倍或25%噻嗪酮WP 1 000倍或3%啶虫脒EC 1 000倍液。

B.8　柑橘木虱

B.8.1　防治适期

第1、第2代若虫盛发期（4月中旬至6月上旬）；第4、第5代若虫盛发期（8月上旬至9月中下旬）。

B.8.2　防治指标

20%叶片、果实或5%嫩梢发现有若虫为害。

B.8.3　防治技术

药剂防治：喷1%阿维菌素EC 2 000倍或10%吡虫啉WP 1 500 ~2 000倍。

B.9　蚜虫

B.9.1　防治适期

春、秋嫩梢期（4月上中旬至5月中旬、8月中旬至9月下旬）。

B.9.2　防治指标

20%嫩梢发现有“无翅蚜”为害。

B.9.3　防治技术

B.9.3.1　化学防治主要对策：重点抓春梢生长期和花期，其次是秋梢期，中心虫株尽可能人工摘嫩梢。

B.9.3.2　药剂防治：选用10%吡虫啉WP 1 500 ~2 000倍液、3%啶虫脒（农不老）EC 2 000 ~2 500倍液。

B.10　潜叶蛾

B.10.1　防治适期

夏、秋梢抽发期（7月中旬至9月上旬）。

B. 10. 2　防治指标

无溃疡病园，50%嫩梢上的未展开叶有为害；历年溃疡病发生园，15%嫩梢上的未展开叶有为害。

B. 10. 3　防治技术

B. 10. 3. 1　统一放梢：尽可能抹除夏梢和零星早秋梢，统一放秋梢，特别是中心虫株要人工摘夏梢和早秋梢。

B. 10. 3. 2　药剂防治：用 1. 8% 阿维菌素 EC 2 000 ~ 2 500倍或 90% 灭蝇胺（潜蝇灵）3 000 ~4 000倍或 10% 吡虫啉 WP 1 500倍液。

B. 11　花蕾蛆

B. 11. 1　防治适期

花蕾露白时（4 月上中旬）；花蕾中后期（4 月中下旬）。

B. 11. 2　防治指标

上年花蕾为害率 6% 或当年露白花蕾 3% 有卵寄生。

B. 11. 3　防治技术

B. 11. 3. 1　化学防治主要对策：花蕾露白树冠喷药和地面施药同时进行；花蕾中后期主要喷树冠。

B. 11. 3. 2　药剂防治：地面施药，用 50% 辛硫磷 EC250 ~ 300 倍液进行地面喷洒；树冠喷药，75% 灭蝇胺 EC 4 000 ~5 000倍或 80% 敌敌畏 EC800 倍或 48% 毒死蜱 EC 1 200倍液。

B. 12　橘潜叶甲（恶性叶甲、橘潜叶甲和拟恶性叶甲）

B. 12. 1　防治适期

春、夏、秋梢抽发期即 4 月上中旬至 5 月上旬、6 月中下旬、8 月中旬至 9 月上旬。

B. 12. 2　防治指标

10% 新梢发现有卵和幼虫为害。

B. 12. 3　防治技术

B. 12. 3. 1　化学防治主要对策：重点抓春梢期防治，其次是保护好秋梢，中心虫株尽可能人工摘嫩梢。

B. 12. 3. 2　药剂防治：选用 1. 8% 阿维菌素 EC 2 000倍液或 80% 敌敌畏 EC800 倍或 48% 毒死蜱 EC 1 000倍液等。

B. 13　尺蠖

B. 13. 1　防治适期

夏、秋梢抽发期，即 6 月上中旬至 9 月上旬。

B. 13. 2　防治指标

3% 新梢发现有幼虫为害。

B. 13. 3　防治技术

B. 13. 3. 1　灯光诱杀：用频振式杀虫灯诱杀。

B. 13. 3. 2　阻止幼虫化蛹：在老熟幼虫入土化蛹前，可用尼龙薄膜在树干周围上堆 6 ~ 10 厘米厚的湿润松土，引诱其化蛹进行人工灭杀。

B. 13. 3. 3　药剂防治：选用 1. 8% 阿维菌素 EC 1 200 倍或 90% 晶体敌百虫 800 ~ 1 000倍或 48% 毒死蜱 EC 1 000倍液。

B. 14　卷叶蛾

B. 14. 1　防治适期

春梢期（4 月上中旬）；幼果期（5 月下旬）；果实膨大后期（9 月中下旬）。

B. 14. 2　防治指标

幼虫 3 ~ 5 头/株。

B. 14. 3　防治技术

B. 14. 3. 1　清园：剪除病虫枝与纤弱枝，清扫地面枯枝落叶，冬季减少越冬数量，春季降低发生基数。

B. 14. 3. 2　处理中心虫株：第 1 代幼虫有中心虫株现象，4 月上中旬巡视果园，及时摘除卵块和振动树冠捕捉幼虫。

B. 14. 3. 3　药剂防治：按 B. 12. 3. 2 规定执行。

B. 15　天牛

B. 15. 1　防治适期

5 ~ 10 月。

B. 15. 2　防治指标

有危害即治。

B. 15. 3　防治技术

B. 15. 3. 1　人工捕杀：5 月发现有虫粪排出时钩杀幼虫；6 ~ 8 月捕捉成虫，刮杀主干和枝干上的卵块、初孵幼虫；8 ~ 10 月钩杀幼虫。

B. 15. 3. 2　药剂防治：当钩不出幼虫时用蘸有 80% 敌敌畏原液的棉花塞往洞口，外封黏泥等物质。

主要参考文献

[1] 狄德忠，等．黄岩柑橘．上海：上海科学技术出版社，1989.

[2] 陈青英，徐小菊．优质玉环柚产销技术．北京：中国农业出版社，2013.

[3] 高洪勤，邵宝富．柑橘栽培．北京：中国农业科学技术出版社，2007.

[4] 李学斌，颜丽菊．水果安全优质高效生产技术创新与实践．北京：中国农业科学技术出版社，2013.

[5] 陈国庆，许渭根，童英富．柑橘病虫原色图谱．杭州：浙江科学技术出版社，2006.